MÉMOIRE

SUR

LE JAUGEAGE

DES EAUX COURANTES,

PAR R. PRONY,
Membre de l'Institut national des Sciences et arts, et Directeur de l'École des Ponts et chaussées.

A PARIS,
DE L'IMPRIMERIE DE LA RÉPUBLIQUE.
An X [1802 v. st.].

MÉMOIRE

SUR

LE JAUGEAGE DES EAUX COURANTES,

PAR R. PRONY,

Membre de l'Institut national des sciences et arts, et Directeur de l'École des ponts et chaussées.

Lu à l'assemblée des ponts et chaussées le 12 pluviôse an 10.

L'ASSEMBLÉE des ponts et chaussées m'a chargé de faire la vérification et de lui présenter un tableau des résultats de toutes les jauges des eaux dont on peut disposer pour alimenter le bassin de partage du canal de jonction de la Somme à l'Escaut près Saint-Quentin. Je ne me suis point borné à exécuter les calculs arithmétiques qu'elle me demandait; et pour répondre, autant qu'il était en moi, à la confiance dont elle m'a honoré, j'ai cru devoir lui soumettre quelques réflexions sur les théories et les méthodes relatives à la mesure des eaux courantes. Les conséquences qu'on tire des opérations faites d'après ces méthodes, sont d'une si haute importance, les erreurs peuvent avoir des suites si funestes, qu'on ne saurait jeter trop de lumières sur un sujet où on ne peut se dissimuler qu'il y a encore bien des connaissances à acquérir et des incertitudes à lever.

J'ai joint aux réflexions que je viens d'annoncer, quelques vues sur des moyens de jauger les ruisseaux, et, en général, les eaux courantes, qui me semblent plus exacts que ceux ordinairement employés: je ne donne cependant mon travail que comme un essai; je m'occuperai à le perfectionner, et sur-tout à faire, aussitôt que la saison le permettra, des expériences propres à confirmer ou à rectifier la théorie.

Les principes qui doivent diriger dans le genre de recherches qui fait l'objet de ce mémoire, sont entièrement dus aux modernes; car la théorie du mouvement, prise dans l'acception la plus générale, était inconnue aux anciens, dont la science en mécanique se réduisait, à peu de chose près, aux propositions sur l'équilibre des corps solides et fluides démontrées par *Archimède*. Le Traité *De insidentibus humido* de ce grand géomètre, contient les bases de l'*hydrostatique* ou *statique* des fluides; mais on n'y trouve rien sur leur mouvement. *Vitruve*, qui a fait une énumération très-détaillée de toutes les connaissances nécessaires aux architectes et aux constructeurs, ne parle d'aucune qu'on puisse rapporter à l'*hydrodynamique* proprement dite; et on doit regarder les règles données par *Sextus Julius Frontinus*, inspecteur des fontaines publiques à Rome sous *Nerva* et *Trajan*, plutôt comme des préceptes empiriques déduits d'une suite d'observations, que comme des propositions liées à une théorie régulière. L'ouvrage de cet auteur, qui a pour titre, *De aquæductibus urbis Romæ commentarius*, prouve cependant, malgré les erreurs qu'on y rencontre, qu'il avait beaucoup de sagacité et d'instruction, eu égard au temps où il vivait.

C'est depuis un siècle et demi seulement, que *Torricelli*, appliquant aux phénomènes de l'écoulement des fluides par de petits orifices, les lois des mouvemens des graves, découvertes par *Galilée* son maître, fit connaître, le premier, les rapports entre les abaissemens de ces orifices au-dessous de la surface supérieure du fluide et les vîtesses d'écoulement. Il jeta ainsi les fondemens de l'*hydrodynamique* ou *dynamique* des fluides, et sa découverte est consignée dans un ouvrage qu'il a publié en 1643, ayant pour titre, *De motu gravium naturaliter accelerato*.

Il était naturel d'examiner si la règle que *Torricelli* avait donnée pour les petits orifices, pouvait s'appliquer à ceux d'une grandeur quelconque; et on ne tarda pas à reconnaître que la *proportionnalité* des vîtesses aux racines carrées des hauteurs de charges d'eau, était sensiblement altérée dans ces derniers orifices, et ne donnait pas l'exactitude dont la pratique avait besoin : mais la géométrie des anciens, la seule que connussent *Galilée* et *Torricelli*, était insuffisante pour résoudre le problème de l'écoulement d'un fluide dans le cas le plus général; problème qui appartient essentiellement au calcul intégral. C'est environ un siècle après la publication des découvertes de ces hommes célèbres, que *Clairaut*, *Euler* et *d'Alembert*, trouvant la carrière ouverte et en partie frayée par les *Bernoulli*, parvinrent aux équations générales de l'équilibre et du mouvement des fluides, et livrèrent entièrement à l'analyse cette branche importante de la mécanique.

Malheureusement les difficultés de l'intégration, dans le cas du mouvement, sont telles, que la pratique n'a pas encore pu tirer parti des résultats les plus généraux auxquels ces géomètres sont parvenus; et lorsqu'il s'est agi des questions dont la solution pouvait intéresser l'hydraulique appliquée, on s'est vu forcé, pour en rendre l'analyse possible, d'y introduire certaines hypothèses ou conditions dont on ne peut se dissimuler l'inexactitude, et qui, suivant les différens cas, s'écartent plus ou moins des lois de la nature. Ce sont ces hypothèses dont il faut se faire une idée précise, afin de mettre toute la circonspection nécessaire dans l'emploi des formules en usage pour calculer le produit des eaux courantes, et d'appliquer ces formules de la manière la moins défavorable. Les cas qu'il s'agit d'examiner ici, sont ceux de l'écoulement de l'eau par des orifices horizontaux et verticaux, dont les périmètres ont tous leurs points situés dans un même plan.

Daniel Bernoulli et *d'Alembert* ont donné, l'un par le principe des forces vives, l'autre par le principe général du mouvement, deux solutions du problème de l'écoulement de l'eau qui s'échappe d'un orifice horizontal. Ces solutions conduisent à la même formule, et ont été adoptées depuis par tous les auteurs qui ont traité de l'hydraulique rationnelle et appliquée. On y suppose que toutes les molécules comprises dans une section quelconque horizontale de la masse fluide, se meuvent dans des directions verticales et avec des vîtesses égales : cette hypothèse donne sur-le-champ l'équation différentielle du mouvement d'une tranche ; et après avoir intégré dans toute l'étendue du système, on obtient aisément la vîtesse à l'orifice, la pression d'une tranche quelconque, &c.

Passant au cas d'un orifice vertical, on y suppose toujours qu'au dessus de cet orifice les molécules renfermées dans chaque tranche horizontale se meuvent verticalement et avec des vîtesses égales, et on ajoute à cette supposition celle de considérer la vîtesse d'une molécule renfermée dans le plan de l'orifice, comme proportionnelle à la racine carrée de sa distance verticale à la surface supérieure du fluide.

La formule déduite de ces considérations, et appliquée à un orifice parallélogrammique, est précisément celle dont on s'est servi, en y faisant une correction relative à la *contraction de la veine fluide*, pour calculer le produit des eaux qui doivent alimenter le canal de Saint-Quentin; et il est bien important d'examiner l'influence que peuvent avoir sur les valeurs trouvées, les hypothèses ou conditions introduites dans l'analyse du problème.

On voit d'abord que la verticalité du mouvement des molécules d'une même tranche horizontale, et le parallélisme de leurs directions, ne peuvent (soit pour l'orifice horizontal, soit pour le vertical) avoir lieu dans les tranches qui avoisinent cet orifice. Le raisonnement et l'expérience ont prouvé qu'il y avait, vers la partie inférieure de la masse fluide, une convergence très-sensible de direction; et qu'en général il fallait y distinguer une section *d'eau vive* où cette convergence a lieu, et une section d'eau sensiblement stagnante qui enveloppe celle *d'eau vive*.

Il est évident, d'après ces faits, que si l'orifice soit vertical, soit horizontal, n'est qu'à une petite distance de la surface supérieure du fluide, les phénomènes réels du mouvement diffèrent sensiblement de ceux sur lesquels la formule d'écoulement est établie. Les molécules d'une même tranche, au lieu de descendre verticalement et avec des vîtesses égales, suivent des courbes plus ou moins inclinées, et se meuvent avec des vîtesses inégales : la surface supérieure du fluide a une tendance à se *déniveler*, et, dans beaucoup de cas, il s'y forme effectivement un *entonnoir* ou *cavité conoïde*.

Il est donc indispensable, si on ne veut pas mettre une trop grande discordance entre les phénomènes réels du mouvement et ceux introduits dans les formules, d'avoir sur l'orifice soit vertical, soit horizontal, une charge d'eau assez grande pour que les convergences de directions et les variations de vîtesse dont cette formule ne tient aucun compte, n'aient lieu que dans une petite partie de la hauteur de la masse fluide.

Cette condition, indistinctement applicable à un orifice vertical et à un horizontal, est bien plus indispensable encore pour le premier que pour le second. En effet, nous avons vu que la formule qui se rapporte à l'orifice vertical, renfermait, outre la supposition connue sous le nom d'*hypothèse du parallélisme des tranches*, celle de la *proportionnalité* des vîtesses horizontales dans le plan de l'orifice aux racines carrées des distances des molécules animées de ces vîtesses, à la surface supérieure du fluide. Cette supposition, qui ajoute une nouvelle cause d'incertitude à celles ci-dessus mentionnées, est principalement erronée lorsque le sommet de l'orifice se trouve à la surface supérieure du fluide, ou en est peu distant. Il est évident que, dans ces cas, la formule ne serait exacte et applicable qu'autant que la vîtesse à la surface deviendrait nulle ou insensible ; et il s'en faut beaucoup qu'un pareil résultat soit conforme à l'expérience.

Les formules que je viens d'examiner doivent donc être considérées seulement comme des règles empiriques dont il faut faire usage avec beaucoup de précaution et de circonspection. On s'abuserait tout-à-fait, si on croyait les délivrer des imperfections qu'elles offrent, par les corrections relatives à la *contraction de la veine fluide*, dont je parlerai tout-à-l'heure : car ces corrections se réduisent à diminuer, dans de certains rapports, les valeurs numériques des fonctions qui entrent dans les équations, sans en changer ni la nature ni la forme, et sans rien leur ôter par conséquent des vices radicaux qui leur sont inhérens et qui tiennent à leur composition.

Je n'ai encore parlé que des anomalies qui dérivent de la charge d'eau sur l'orifice ; mais il en est d'autres dépendantes de circonstances qui ont toujours lieu lorsqu'on mesure les eaux courantes en formant des *barrages* avec *pertuis*, et qui tiennent au mouvement des eaux en amont de ces barrages. La théorie qui conduit aux formules en usage, suppose rigoureusement que toutes les forces horizontales qui sollicitent une molécule quelconque située au-dessus de l'orifice, se font équilibre ; et il n'est pas douteux qu'un courant établi au travers de la masse fluide est une cause perturbatrice qui contribue à augmenter les erreurs des formules.

L'établissement du calme, ou au moins d'une stagnation sensible en amont du barrage, est donc une nouvelle condition à ajouter à celle d'une hauteur d'eau suffisante sur le pertuis d'écoulement, et il est nécessaire d'y réunir encore celle de rendre l'écoulement en aval du pertuis parfaitement libre ; de sorte que ni la vîtesse ni la contraction ne soient point gênées par la pression de l'eau inférieure. Il est hors de doute qu'en ajoutant cette cause d'incertitude à toutes les précédentes, on serait dans l'impossibilité d'établir des règles de calcul sur lesquelles on pût compter ; et avant de parler des moyens d'obtenir ces conditions, je vais examiner les formules elles-mêmes, et leurs usages relativement aux différens cas auxquels on les applique, et donner les méthodes les plus expéditives pour les calculer.

On suppose dans tout ce qui suit, que la hauteur d'eau au-dessus de l'orifice est devenue constante, de telle sorte que le produit du courant est exactement représenté par celui de l'orifice. Dans ce cas, la formule d'écoulement par un orifice horizontal est, en prenant le *mètre* pour unité linéaire et faisant

$q =$ le volume d'eau écoulé pendant l'unité de temps,

$h =$ la hauteur de l'eau au-dessus de l'orifice horizontal,

a = l'aire de la surface supérieure de l'orifice,
ω = l'aire de l'orifice,
g = la vîtesse communiquée à un grave par la pesanteur au bout de l'unité de temps = $9^{\text{mètres}}$ 809, la seconde, ou la 84600.e partie du jour moyen, étant l'unité de temps,

$$q = \omega \sqrt{\left(\frac{2gha^2}{a^2 - \omega^2}\right)}$$

J'ai observé, article 771 de mon *Architecture hydraulique*, qu'un terme de la forme e^t, qui entre dans l'expression de la vîtesse à l'orifice, devient négligeable après un temps d'écoulement très-court, et qu'alors la vitesse, parvenant à son *maximum*, prenait la valeur constante $\sqrt{\left(\frac{2gha^2}{a^2 - \omega^2}\right)}$. Mais, dans le cas dont il s'agit ici, cette valeur se simplifie encore; car, l'aire a étant égale à la surface supérieure de la partie du fluide qui est stagnante en amont du pertuis, et l'aire de ce pertuis n'étant qu'une partie extrêmement petite de cette surface, la fraction $\frac{a^2}{a^2 - \omega^2}$ ne diffère de l'unité que d'une quantité négligeable; au moyen de quoi le produit, pendant l'unité de temps, devient

$$q = \omega \sqrt{(2gh)},$$

et son évaluation se fait par la règle simple de *Torricelli*. Le calcul par les orifices horizontaux aura donc, lorsqu'on pourra employer de pareils orifices, les avantages réunis de renfermer moins d'hypothèses arbitraires dans les considérations théoriques, que celui par les orifices verticaux, ce qui en rend les résultats plus certains; et d'être en même temps beaucoup plus expéditif et plus commode.

Mais un orifice horizontal ne jouira de ces propriétés qu'autant qu'on pourra l'adapter à un point du courant où il existera une chute égale à une fois et demie ou deux fois son diamètre, de telle manière, que la plus grande contraction de la veine fluide ait lieu au-dessus de la surface de l'eau du canal inférieur. Lorsqu'on ne trouvera pas une pareille chute, il sera convenable d'employer un orifice vertical en forme de parallélogramme rectangle, dont deux côtés soient horizontaux et deux autres verticaux; et voici comment on peut disposer la formule du calcul du produit, par cet orifice, de manière à le rendre presque aussi simple que celui qu'on ferait par la formule déduite du principe de *Torricelli*.

Si on fait

ω = l'aire de l'orifice,
a = la hauteur de cet orifice.. } $\omega = ab$,
b = sa base.............
h = la hauteur de l'eau au-dessus de son sommet.. } $k = \frac{h + h_1}{2}$
k = la hauteur de l'eau au-dessus de son centre... } $k = h + \frac{1}{2} a$
h_1 = la hauteur de l'eau au-dessus de sa base..... } $k = h_1 - \frac{1}{2} a$
g = 9[mètres] 809, la seconde étant l'unité de temps,
q = le produit de l'écoulement pendant une seconde,
Q = le produit pendant un jour, ou 86400 secondes.

Le produit, pendant une seconde, se calcule, d'après *Bélidor*, *Bossut*, *Prony*, *&c.* par la formule

$$q = \tfrac{2}{3}\, b\, (h_1^{\frac{3}{2}} - h^{\frac{3}{2}})\, \sqrt{(2g)};$$

mais cette équation peut se mettre sous la forme

$$q = \tfrac{2}{3}\, b \left\{ \left(k + \frac{a}{2}\right)^{\frac{3}{2}} - \left(k - \frac{a}{2}\right)^{\frac{3}{2}} \right\} \sqrt{(2g)}.$$

qui se change en

$$q = \tfrac{2}{3}\, bk \left\{ \left(1 + \frac{a}{2k}\right)^{\frac{3}{2}} - \left(1 - \frac{a}{2k}\right)^{\frac{3}{2}} \right\} \sqrt{(2gk)}.$$

ou en

$$q = \tfrac{2}{3}\, \frac{k}{a} \left\{ \left(1 + \frac{a}{2k}\right)^{\frac{3}{2}} - \left(1 - \frac{a}{2k}\right)^{\frac{3}{2}} \right\} \omega \sqrt{(2gk)};$$

et faisant pour abréger

$$\tfrac{2}{3} \cdot \frac{k}{a} \left\{ \left(1 + \frac{a}{2k}\right)^{\frac{3}{2}} - \left(1 - \frac{a}{2k}\right)^{\frac{3}{2}} \right\} = A,$$

on

on a pour la valeur du produit par seconde

$$q = A\,\omega\,\sqrt{(2gk)},$$

et pour celle du produit dans un jour ou 86400 secondes;

$$Q = 86400\,.\,A\,\omega\,\sqrt{(2gk)}.$$

La valeur du produit par seconde est composée de deux facteurs, dont l'un $\omega\,\sqrt{(2gk)}$ est précisément le terme unique donné par la formule de *Torricelli*, en prenant pour hauteur de la charge d'eau celle qui a lieu au-dessus du centre de figure de l'orifice. L'autre facteur A dépend du rapport entre cette hauteur de la charge d'eau et celle de l'orifice, et son calcul semble laborieux au premier coup-d'œil : mais il a la propriété remarquable de ne pouvoir varier que dans des limites très-resserrées; car il devient égal à l'unité lorsqu'on suppose la hauteur de l'eau infinie par rapport à celle de l'orifice, et à 0, 94281 lorsque la hauteur de l'eau au-dessus du sommet de l'orifice est nulle. Les variations de ce facteur A sont donc pour toutes les valeurs (applicables à la question que nous traitons) dont il est susceptible, renfermées dans l'étendue de $\frac{6}{100}$ d'unité à très-peu près; et on peut, au moyen de la table 1, insérée à la fin de ce mémoire, qui contient onze de ces valeurs, depuis 1 jusqu'à 0,94, s'épargner, dans tous les cas, la peine de calculer ce terme : il suffira, après avoir calculé le nombre qui répond au terme déduit de la formule de *Torricelli*, de prendre, dans cette table, celui qui se trouve vis-à-vis le rapport de un $\frac{1}{2}\,a$ à k, évalué seulement en 10.es d'unité, et de multiplier ces deux nombres l'un par l'autre. J'ai mis les logarithmes à côté des nombres naturels; et on pensera comme moi, que, pour mettre à profit un des grands avantages de notre nouveau système métrique, il faut se servir des tables de logarithmes tant pour ces calculs que pour beaucoup d'autres, dans lesquels on n'emploie plus, comme précédemment, la numération duodécimale, qui rendait l'usage des logarithmes un peu embarrassant.

Voici un modèle de calcul pour l'évaluation du produit en

mètres cubes, pendant vingt-quatre heures ou 86400 secondes;

	mètres.		
Données	$a = 0{,}327$ $b = 1{,}024$ $h = 0{,}654$ $h_{,} = 0{,}981$	d'où on conclut	$k = h + \frac{1}{2} a = 0{,}8175.$ $\omega = ab = \ldots\ 0{,}334848.$ $\frac{a}{2k} = 0{,}2;\ A = 0{,}99832.$

Calcul du Produit.

$$\begin{aligned} \log.\ \omega &= \bar{1}{,}524848 \\ \tfrac{3}{2}\log.\ k &= \bar{1}{,}956244 \\ \log.\ A &= \bar{1}{,}999270 \\ \log.\ [86400 .\ \sqrt{(2g)}] &= 5{,}582838 \\ \hline \log.\ q &= 5{,}063200 \\ \hline q &= 115665. \end{aligned}$$

Nota. Log. A se trouve dans la table 1, et log. $[86400 .\ \sqrt{(2g)}]$ est un logarithme constant, calculé une fois pour toutes, et qui se trouve dans la table 3, à la fin de ce mémoire.

On observera de plus que le trait horizontal au-dessus de la caractéristique, indique que cette caractéristique est négative, la partie décimale du logarithme demeurant positive.

Ainsi le produit théorique, en vingt-quatre heures, est de 115665 mètres cubes.

Lorsqu'on a fait le calcul par la méthode précédente, il est bon de le vérifier, en mettant la valeur du produit q sous une autre forme. J'emploie pour cela la formule primitive

$$q = \tfrac{2}{3}\, b\,(h_{,}^{\frac{3}{2}} - h^{\frac{3}{2}})\sqrt{(2g)};$$

mais après en avoir rendu le calcul encore plus simple que celui de la formule précédente, au moyen de la table 2, où on trouve les puisssances $\frac{3}{2}$ des nombres, de 10.e en 10.e d'unité, depuis 1 jusqu'à 300; ce qui suffit pour la presque totalité des cas qu'offre la pratique. En prenant les mêmes données que ci-dessus, on a, d'après la table dont je viens de parler, placée à la suite de ce mémoire,

$$\begin{aligned} h_{,}^{\frac{3}{2}} &= 0{,}971636 \\ h^{\frac{3}{2}} &= 0{,}528891 \\ \hline h_{,}^{\frac{3}{2}} - h^{\frac{3}{2}} &= 0{,}442745 \end{aligned}$$

$$\begin{aligned} \log.\ h_{,}^{\frac{3}{2}} - h^{\frac{3}{2}} &= \bar{1}{,}646154 \\ \log.\ b &= 0{,}010300 \\ \log.[\tfrac{2}{3}.86400\ \sqrt{(2g)}] &= 5{,}406747 \\ \hline \log.\ q &= 5{,}063201 \\ \hline \log.\ q &= 115665 \end{aligned}$$

Nota. Log. $[\frac{2}{3}.\ 86400\ \sqrt{(2g)}]$ est un logarithme constant qui se calcule une fois pour toutes, et qui se trouve dans la table 3, à la suite de ce mémoire.

Le produit est encore de 115665 mètres cubes en vingt-quatre heures, comme on l'a trouvé par le premier calcul; et il ne reste plus qu'à faire à ce résultat théorique les corrections dont je parlerai tout-à-l'heure, et qui sont nécessaires pour en déduire le produit effectif. Si ces corrections se réduisent à multiplier le produit théorique par un facteur constant, il sera inutile de calculer celui-ci séparément, et on aura immédiatement l'écoulement effectif en comprenant le logarithme du facteur dans le logarithme constant.

Les détails dans lesquels je viens d'entrer pour rendre les procédés du calcul des jauges aussi courts et aussi simples qu'ils sont susceptibles de l'être, ne paraîtront ni minutieux, ni superflus à ceux qui connaissent le prix du temps, et qui savent combien les ingénieurs chargés de grands travaux doivent en être économes.

Je me suis assuré par l'expérience, qu'au moyen de types de calcul que j'ai disposés, et de tables que j'y ai jointes, le temps des opérations arithmétiques était réduit au quart : ainsi un ingénieur qui aurait un grand nombre de jauges à calculer, pourra sur quatre jours en gagner trois, pour des travaux moins fastidieux et également utiles.

On trouvera à la fin de ce mémoire, table 3, les logarithmes de réduction pour convertir un produit d'eau exprimé en mètres cubes, en un produit exprimé en pouces cubes, pieds cubes, toises cubes et *pouces de fontainier*. Il serait bien à desirer que les ingénieurs, et en général tous les hommes qui ont à mesurer et à calculer, prissent, définitivement et sans retour, le parti de rapporter au *mètre* seul toutes les mesures de *dimensions ;* la diversité des unités *linéaires, superficielles* et *cubiques* qu'on emploie, souvent dans la même phrase, forme une bigarrure choquante, et il est sur-tout étonnant qu'on se serve encore du *pouce de fontainier.*

Cette mesure, qui n'a en sa faveur que son ancienneté, instituée principalement pour les produits d'eau destinés à la consommation individuelle des habitans d'une ville ou d'un pays, et appliquée, fort mal-à-propos, aux produits d'eau destinés à la navigation, offre peut-être le plus vicieux de tous les modes d'évaluation, contre lequel les hommes instruits se sont prononcés long-temps avant l'établissement du nouveau système métrique. Les fontainiers ont pu en conserver l'usage pour mesurer de petits filets d'eau, parce qu'il fournit un moyen de jauger extrêmement commode. Après avoir barré le ruisseau, on perce dans une planche mince, qui fait partie du barrage, des trous circulaires d'un pouce de diamètre, dont tous les centres sont sur la même ligne horizontale, en nombre suffisant pour que l'eau, parvenue à une élévation constante en amont du barrage, ait sa surface supérieure à 7 lignes au-dessus des centres des trous. Lorsque cette condition est remplie, on dit que le ruisseau fournit un nombre de *pouces d'eau* égal à celui des trous percés dans la planche.

Cette méthode a plusieurs défauts, parmi lesquels on peut distinguer l'extrême difficulté de s'assurer que la charge d'eau est précisément d'une ligne au-dessus des bords supérieurs des orifices; l'adhésion et la viscosité font courber la surface du fluide à sa rencontre avec la paroi intérieure du barrage; la plus petite fluctuation fait varier le niveau de l'eau, &c.; et ces incertitudes sur la hauteur au-dessus du centre, portant sur des quantités qui sont une partie notable de cette hauteur, il doit en résulter une incertitude proportionnée sur le produit, à laquelle il faut ajouter celle provenant du plus ou moins d'épaisseur de la paroi.

Aussi les hydraulistes ont-ils beaucoup varié sur le produit du *pouce d'eau*, évalué par les uns à 13 pintes $\frac{1}{12}$ en une minute, et par les autres à 14 pintes; et on peut observer, de plus, que la mesure de la pinte elle-même a été un objet de contestation : il paraît cependant que, d'après les étalons les plus authentiques, elle est de 46 pouces cubes $\frac{9}{10}$ à très-peu près.

Si le *pouce de fontainier* est une mesure défectueuse, même en profitant de la commodité de la méthode par laquelle on l'évalue immédiatement, à plus forte raison doit-on l'exclure quand il s'agit d'exprimer des produits d'eau évalués par d'autres méthodes : c'est alors une grande inconséquence de ne pas se servir des mesures cubiques, qui se rapportent aux mesures linéaires qu'on a employées; et on ne justifie point cette inconséquence, en disant qu'on fait abstraction du *produit effectif* d'un orifice de 12 lignes de diamètre, et que le *pouce d'eau* n'est considéré que comme une mesure de convention. La convention la plus naturelle et la plus simple est, quand on mesure en mètres linéaires, d'exprimer les surfaces en mètres carrés et les volumes en mètres cubes; on obtient par-là les avantages réunis de la clarté de l'énonciation et de la facilité du calcul.

Je passe aux considérations relatives à la contraction de la veine fluide.

On a vu que les formules qui se rapportent à l'écoulement par un orifice soit horizontal, soit vertical, sont établies dans l'hypothèse que toutes les molécules fluides comprises dans une tranche horizontale quelconque située au-dessus de l'orifice, se meuvent verticalement et avec des vitesses égales; on sait, de plus, et par le raisonnement et par l'expérience, que ni l'un ni l'autre de ces deux mouvemens ne peut avoir lieu pour les tranches qui avoisinent l'orifice, dans lesquelles les molécules ont en même temps convergence de direction et inégalité de vitesse. C'est par ces deux circonstances et par la viscosité du fluide, qu'on explique la forme conoïde qu'affecte le jet à la sortie de l'orifice. Les géomètres ont fait des tentatives plus ou moins ingénieuses pour résoudre le problème de l'écoulement, en ayant égard à ces divers phénomènes; mais la pratique n'a encore retiré aucun fruit de leurs recherches: le seul moyen qu'on ait de faire entrer dans le calcul la contraction de la veine fluide, consiste à évaluer la dépense dans l'hypothèse du *parallélisme des tranches*, et à diminuer le résultat dans le rapport de l'orifice réel à l'orifice ou section contractée.

Cette correction, toute empirique qu'elle est, serait très-suffisante pour les praticiens, si le coëfficient par lequel il faut multiplier le produit réel, était ou constant ou aisément assignable dans tous les cas: mais on est bien loin de jouir de cet avantage; car, d'une part, les expériences connues et authentiques sur la contraction, ne se rapportant qu'à des orifices extrêmement petits par rapport à la charge d'eau et aux dimensions des vases ou des réservoirs, on ne peut en tirer que des conclusions très-incertaines pour les questions dont il s'agit ici; et d'une autre part, les expériences même faites sur ces petits orifices offrent des variétés dans leurs résultats, dont on n'a pas encore rendu raison d'une manière satisfaisante.

Suivant *Newton*, le rapport de l'orifice à la section contractée, est celui de $\sqrt{(2)}$ à 1; en sorte que, pour déduire le produit réel du produit théorique, il faudrait diviser ce dernier par $\sqrt{(2)}$, ou en prendre les $\frac{71}{100}$ à-peu-près: en rapprochant et comparant les meilleures expériences de *Bossut*, on trouve que ce coëfficient doit être réduit d'environ $\frac{1}{7}$ de sa valeur, et qu'il faut lui substituer la fraction $\frac{62}{100}$. (Voyez mon *Architecture hydraulique*, art. 834.)

Mais les expériences dont je parle se rapportent à des orifices percés dans une paroi très-mince. *Bossut* en a fait d'autres dans lesquelles il adaptait à un orifice circulaire d'un pouce de diamètre, un tuyau additionnel de deux pouces de longueur; le rapport moyen du produit réel au produit théorique, a été, dans ce dernier cas, celui de 81 à 100. (Voyez mon *Architecture hydraulique*, art. 840.) Et il est à remarquer que le rapport assigné par *Newton* est, à-peu-près, moyen arithmétique entre les deux rapports trouvés par *Bossut* dans le cas d'une mince paroi et dans le cas d'un petit tuyau additionnel.

En général, le déchet qui a lieu à travers un orifice percé dans une mince paroi, demeure le même si on adapte à l'orifice un ajutage dont la longueur soit égale à la distance de cet orifice, à la section de plus grande contraction, et dont la paroi ait la forme conoïde affectée dans cet intervalle par le fluide. Mais si à la suite de cet ajutage on place un tuyau cylindrique d'un diamètre égal à celui de l'orifice, supposé circulaire, ou un tuyau conique, ou enfin un tuyau en partie cylindrique et en partie conique, les longueurs et l'évasement n'excédant pas certaines limites, la dépense, dans un temps donné, augmente et peut surpasser le double de celle qui se fait par une mince paroi. Cette augmentation de dépense varie avec les proportions des ajutages, qui comportent un *maximum* et un *minimum;* mais les connaissances sur cette matière ne sont pas assez avancées pour établir ces proportions et la forme rigoureuse des ajutages, d'après des règles susceptibles d'être mises en formule.

Cet écoulement par les ajutages a offert un phénomène curieux et remarquable. Si on fait la plus légère ouverture près de l'endroit où est la contraction de la veine, l'augmentation de dépense n'a pas lieu; et en adaptant au tuyau additionnel, des syphons dont les branches inférieures trempent dans l'eau ou le mercure, il y a aspiration dans chacune de ces branches, qui diminue à mesure que le syphon est plus éloigné de la section de plus grande contraction.

Enfin, la différence entre la dépense par un orifice percé dans une mince paroi et celle par un tuyau additionnel, n'a pas lieu dans le vide. On voit, par ces divers phénomènes, que le poids de l'atmosphère a une influence totale ou presque totale sur l'excès du produit des tuyaux additionnels.

Un habile physicien de Modène, nommé *J. B. Venturi,* a essayé de lier les faits que je viens de rapporter à un principe ou fait primitif que je vais exposer, parce qu'il peut avoir une utilité immédiate, indépendamment des conséquences qu'en tire *Venturi,* qui dit s'en être servi pour opérer des desséchemens sans le secours d'aucune machine. Si on introduit un filet d'eau, avec une certaine vîtesse, dans un vase ou réservoir rempli d'un fluide stagnant à la surface duquel il s'échappe, en suivant la direction d'un canal curviligne, ouvert dans toute sa longueur, ce filet entraînera avec lui et fera sortir du vase le fluide qui y est contenu, de manière qu'au bout d'un certain temps il n'en restera que la portion comprise entre le fond du vase et la partie inférieure à l'ouverture par laquelle entre le filet. *Venturi* a nommé cet effet *communication latérale du mouvement dans les fluides;* et il rapporte plusieurs circonstances importantes de ce mouvement. Il ne donne aucune explication du principe, et conclut même de ses expériences, que l'attraction réciproque des molécules est insuffisante pour en rendre raison. Ses résultats sont publiés dans un ouvrage imprimé en l'an 6, et intitulé *Recherches expérimentales sur le principe de la communication latérale du mouvement dans les fluides.*

Il est manifeste, par l'exposé précédent, qui offre, à peu de chose près, le sommaire de toutes nos connaissances actuelles sur l'écoulement de l'eau par des orifices, que rien de ce qui a été publié sur la contraction de la veine fluide, ne peut être appliqué avec certitude à la correction des produits théoriques par les orifices employés pour les jaugeages des courans d'eau. Il est donc indispensable d'employer, pour faire ces jaugeages, des méthodes et des appareils qui fournissent immédiatement toutes les données du calcul des produits effectifs, et je vais exposer mes idées à ce sujet.

On a proposé, pour avoir le produit d'un courant, de déterminer la vîtesse moyenne d'une section transversale, dont on connaîtrait exactement la surface; et ce moyen, qui a l'avantage d'être simple, commode et expéditif, a été souvent mis en pratique. Je pense qu'il peut être utile comme objet d'expérience et de comparaison; mais je ne crois pas qu'il dispense de recourir à d'autres procédés qui, plus compliqués en apparence, présenteront peut-être moins de causes d'incertitude, lorsqu'on les emploiera avec les précautions convenables. Il y a beaucoup plus de difficultés qu'on ne l'imaginerait, au premier coup-d'œil, à connaître exactement une vîtesse moyenne applicable à une section donnée, même dans les cas peu communs, où on est favorisé par la localité. On peut voir ce que *Dubuat* a écrit à ce sujet; et je ne dirai rien de plus sur cette matière, qui est traitée en détail dans plusieurs auteurs. Je passe aux moyens de jauger en faisant couler l'eau à travers des pertuis horizontaux ou verticaux.

La première condition à obtenir est celle de la stagnation du fluide

fluide au-dessus du barrage auquel le pertuis est adapté. Cette stagnation aura sensiblement lieu lorsqu'il existera, en amont du barrage, une masse d'eau très-considérable en comparaison de la section d'eau vive du courant ; dans le cas contraire, on construira un petit batardeau à 30 ou 40 mètres du pertuis, et même à une plus grande distance, si on le juge convenable. Deux fossés ou tranchées latérales seront creusées de chaque côté du canal pour conduire l'eau de l'amont à l'aval du batardeau ; et les directions de ces tranchées seront à angle droit sur celle du canal, tant à leur origine qu'à leur extrémité. On conçoit aisément que les bricoles par lesquelles le courant passera d'un côté à l'autre du batardeau, et l'opposition directe des deux affluens en aval du batardeau, doivent détruire en presque totalité le mouvement que la section d'eau vive tendrait à propager dans la masse fluide comprise entre le batardeau et le pertuis d'écoulement. *Fig. 1 et 2.*

Cette première construction et celle du barrage auquel le pertuis est adapté, étant achevées, il faut attendre que le fluide soit parvenu, entre le batardeau et le pertuis, à une hauteur constante, et, tant pour aider dans l'observation et la détermination de cette hauteur que pour un autre but dont je parlerai tout-à-l'heure, il est à propos d'avoir un moyen très-précis de mesurer les variations de hauteur du fluide. Je me servirai pour celà d'un canal ou tuyau de bois recourbé, dont une partie horizontale sera enterrée sur le bord du rivage et communiquera avec l'eau, par son extrémité ouverte, entre le batardeau et le pertuis ; l'autre partie verticale servira à indiquer et à mesurer la hauteur du fluide au moyen d'un flotteur qui y sera plongé, et qui portera une tige dont l'extrémité répondra aux graduations d'une échelle tracée sur une règle verticale. *Fig. 3.*

Il s'agit maintenant de déterminer la forme du barrage et du pertuis. J'ai déjà dit que lorsqu'on aurait une chute suffisante, on trouverait de l'avantage à faire couler l'eau par un pertuis ou orifice horizontal. Cet orifice, qui doit être circulaire, sera pratiqué au centre d'un plancher parallélogrammique porté sur quatre traverses, *Fig. 1 et 2.*

lesquelles seront soutenues elles-mêmes par quatre piquets ou petits pieux plantés aux angles ; le barrage sera fait d'ailleurs avec toutes les précautions nécessaires pour le rendre solide et étanche.

L'élévation du pertuis horizontal au-dessus du lit du courant inférieur permettra de faire une mesure immédiate et précise de la section contractée. Il faudra tenir note exactement du diamètre de cette section et de sa distance au pertuis.

Enfin, pour déduire d'une observation directe la vîtesse d'écoulement par le pertuis, on fixera dans le plan de ce pertuis l'extrémité d'un tuyau de tôle ou de fer-blanc recourbé, ayant un ou deux centimètres de rayon, dont l'autre extrémité, fixée à un piquet planté en aval du barrage, portera un tube de verre dans lequel on verra l'extrémité de la colonne de fluide refoulée par l'eau qui agit sur l'autre extrémité de la même colonne.

On voit sur-le-champ que le moyen dont il s'agit ici n'est autre chose qu'un emploi particulier du tube de pitot.

Lorsqu'on n'aura pas une chute telle qu'entre le pertuis horizontal et le lit inférieur du courant il y ait une distance égale à environ deux fois le diamètre du pertuis, il sera convenable de faire couler l'eau à travers un orifice vertical, auquel il faudra donner la forme d'un parallélogramme rectangle à base horizontale : mais comme, dans ce dernier cas, la forme de la paroi intérieure de la partie du canal qui avoisine le pertuis en amont du barrage, influe sensiblement sur la figure conoïde que le fluide affecte à la sortie du pertuis, il faudra, pour rendre les observations aussi comparables que possible, donner de la régularité et une forme constante à cette paroi intérieure. C'est à quoi l'on parviendra en adaptant deux parois factices en planches dont
Fig. 4. on voit le plan *figure 4*, qui auront leur origine aux deux côtés verticaux du pertuis et se termineront contre le rivage.

La base du pertuis sera élevée de quelques centimètres au-dessus d'un petit radier, que l'on pratiquera en aval du barrage, de manière qu'on puisse mesurer exactement et commodément la section contractée tant dans le sens vertical que dans le sens horizontal.

On fera, dans ce cas, comme dans celui du pertuis horizontal, l'observation immédiate de la vitesse par le tube de pitot; mais il faudra ici employer deux tuyaux ayant leurs extrémités inférieures, l'un au sommet et l'autre à la base de l'orifice; les extrémités supérieures munies de tubes de verre, seront, comme précédemment, soutenues par un piquet planté en aval du barrage.

Ainsi voilà plusieurs moyens de connaître la vitesse moyenne de l'eau à l'orifice, qui se serviront réciproquement de vérification et de comprobation; mais je vais en proposer un dernier qui me paraît préférable à tous ceux-là, et qui, pour peu que les localités s'y prêtent, pourra les suppléer et être employé exclusivement. Il a l'avantage de s'appliquer indistinctement à un orifice quelconque, sans qu'on soit obligé de connaître ni la forme ni les dimensions de cet orifice, ni la hauteur de l'eau au-dessus de ses diverses parties, &c. et de n'exiger que des calculs infiniment simples.

On adaptera de petites vannes V susceptibles d'être fermées instantanément aux extrémités aval des tranchées ou rigoles qui conduisent l'eau du courant d'un côté à l'autre du batardeau : d'autres rigoles, qui communiqueront avec celles-ci, pourront *Fig. 1 et 2.* amener l'eau en aval du barrage où se trouve le pertuis; et cette communication sera ouverte ou interceptée par de petites vannes *v* placées à côté des précédentes.

On établira de plus, le long et sur les bords de la partie du canal comprise entre le batardeau et le pertuis, une suite de planches posées horizontalement et de champ, et clouées contre des piquets: il sera bon de glaiser ou de garnir de terre battue le derrière de ces planches; on les placera de manière que lorsque l'eau sera parvenue à une élévation constante, leur arrête supérieure se trouve à-peu-près à fleur d'eau, et que la paroi du lit du canal soit sur quatre ou cinq décimètres de hauteur, à partir du niveau de l'eau, composée de plans verticaux, ses sections horizontales devant être, dans cette espace, égales entre elles et faciles à mesurer.

Toutes ces dispositions achevées, et la charge d'eau sur l'orifice étant parvenue à un état constant, on fermera subitement les vannes V qui conduisent l'eau du courant d'un côté à l'autre du batardeau. Cette fermeture instantanée pourra s'opérer au moyen de poids dont on chargera les queues des vannes, qui seront tenues élevées par des arrêts susceptibles d'être enlevés d'un coup de marteau à un signal donné; on laissera alors couler cette eau dans le lit inférieur du ruisseau, en levant les vannes *v* qui ferment la rigole conduisant à ce lit inférieur. Le fluide contenu entre le batardeau et le barrage du pertuis, qui continuera à s'échapper par ce pertuis, commencera aussitôt à baisser; mais avec un compteur à seconde et les tuyaux recourbés ou syphons dont j'ai parlé précédemment, munis de flotteurs et d'échelles divisées, avec *verniers*, on observera le temps que les extrémités des tiges des flotteurs emploient pour parvenir aux différentes divisions des échelles. Je pense qu'on obtiendrait une grande précision, en adaptant à chaque flotteur deux tiges qui couleraient dans des anneaux fixés à une planche verticale : les sommets de ces deux tiges seraient unis par une traverse horizontale; on attacherait à cette traverse un petit ressort très-faible, avec une pointe à son extrémité, qu'on pourrait, avec le plus léger effort, faire appuyer contre une bande de papier collée sur la planche, de manière qu'elle y marquât un petit point. L'observateur, occupé à compter les secondes, n'aurait qu'à presser le ressort à chaque 5.ᵉ ou 10.ᵉ seconde, et mesurerait ensuite à loisir les distances entre les points qu'il aurait marqués.

Soient $t_{,}$ et $t_{,,}$ les deux premiers temps observés, à compter de l'instant où les vannes ont été subitement fermées, $z_{,}$ et $z_{,,}$ les abaissemens correspondans, t et z un temps et un abaissement quelconque (z commençant à zéro lorsque $t = 0$), on aura, par la méthode d'interpolation, les relations suivantes entre t et z:

$$z = \frac{t}{t_{,,} - t_{,}} \left(\frac{t_{,,} - t}{t_{,}} z_{,} - \frac{t_{,} - t}{t_{,,}} z_{,,} \right);$$

d'où on déduit par la différenciation,

$$\frac{dz}{dt} = \frac{(t_{,,} - 2t)\, z_{,}}{(t_{,,} - t_{,})\, t_{,}} - \frac{(t_{,} - 2t)\, z_{,,}}{(t_{,,} - t_{,})\, t_{,,}}:$$

mais v étant la vîtesse moyenne à l'orifice, ω l'aire de cet orifice, et S l'aire de la section horizontale de la partie du canal comprise entre le batardeau et le barrage du pertuis, $v\omega\, dt$ est le prisme élémentaire de fluide qui s'échappe de l'orifice ω pendant l'instant dt, et qui est égal au prisme $S\, dz$ dépensé par le réservoir pendant le même instant dt. On a donc à cet instant

$$v = \frac{S}{\omega} \cdot \frac{dz}{dt}.$$

Substituant, dans cette équation, pour $\frac{dz}{dt}$ sa valeur ci-dessus, et faisant $t = 0$, on a, pour calculer la vîtesse moyenne à l'orifice, à l'instant où les vannes de communication entre le ruisseau en amont du batardeau et le réservoir en aval ont été fermées, l'équation

$$v = \frac{S}{\omega} \cdot \frac{t_{,,}^2\, z_{,} - t_{,}^2\, z_{,,}}{(t_{,,} - t_{,})\, t_{,,}\, t_{,}};$$

d'où on déduit aisément le produit q du courant, pendant l'unité de temps, qui a pour valeur,

$$q = \frac{t_{,,}^2\, z_{,} - t_{,}^2\, z_{,,}}{(t_{,,} - t_{,})\, t_{,,}\, t_{,}}\, S;$$

équation dans laquelle les quantités relatives à l'orifice d'écoulement, à la charge d'eau sur cet orifice, &c. n'entrent point.

Il est facile de s'arranger de manière que $t_{,,} = 2\, t_{,}$; alors le calcul devient encore plus simple; et on a, en faisant $t_{,} = \tau$,

$$q = \frac{2\, z_{,} - \frac{1}{2} z_{,,}}{\tau}\, S.$$

Je n'emploie que deux observations de temps et d'abaissement, et je pense qu'elles suffiront communément; car, par la nature du phénomène, les différences secondes des quantités observées doivent être peu variables. Mais comme, pour assurer et vérifier l'exactitude des résultats, il est bon de faire le plus d'observations qu'on pourra, et de les faire servir de comprobation réciproque les unes aux autres, voici une suite de formules dont les calculs sont extrêmement faciles, et qui s'appliquent à un nombre quelconque de temps et d'abaissement observés ; je les ai déduites des formules générales d'interpolation publiées dans mes *Leçons d'analyse.* (Journal de l'École polytechnique, *3.e cahier, page 256.*)

On compte *zéro temps*, à l'instant où la communication est interceptée entre le ruisseau en amont du batardeau et l'eau contenue entre le batardeau et le barrage du pertuis ; et depuis *zéro temps* jusqu'aux temps successifs τ, 2τ, 3τ, &c., $n\tau$, les abaissemens correspondans de l'eau ou du flotteur, sont $z_{,}$, $z_{,,}$, $z_{,,,}$, &c., z_{n}, rapportés à une même origine, avec la condition que le plus grand abaissement, ou z_{n}, n'excède pas la hauteur sur laquelle on a rendu le lit du courant prismatique. Ces quantités étant observées très-exactement, on a la quantité q d'eau fournie par le ruisseau pendant l'unité de temps, par l'une quelconque des équations suivantes, dans lesquelles S a la même signification que ci-dessus.

En employant

Une observation... $q = \frac{1}{\tau} \cdot z_{,} S.$

Deux observations.. $q = \frac{1}{\tau} \left(2 z_{,} - \frac{1}{2} z_{,,}\right) S.$

Trois observations.. $q = \frac{1}{\tau} \left(3 z_{,} - 3 \frac{z_{,,}}{2} + \frac{z_{,,,}}{3}\right) S.$

Quatre observations. $q = \frac{1}{\tau} \left(4 z_{,} - 6 \frac{z_{,,}}{2} + 4 \frac{z_{,,,}}{3} - \frac{z_{iv}}{4}\right) S.$

Cinq observations.. $q = \frac{1}{\tau} \left(5 z_{,} - 10 \frac{z_{,,}}{2} + 10 \frac{z_{,,,}}{3} - 5 \frac{z_{iv}}{4} + \frac{z_{v}}{5}\right) S.$

Six observations... $q = \frac{1}{\tau} \left(6 z_{,} - 15 \frac{z_{,,}}{2} + 20 \frac{z_{,,,}}{3} - 15 \frac{z_{iv}}{4} + 6 \frac{z_{v}}{5} - \frac{z_{vi}}{6}\right) S.$

&c. &c.

Je crois devoir donner la règle générale d'après laquelle ces équations sont formées, qui est remarquable par sa simplicité, en même temps qu'elle est curieuse. « Toutes les valeurs de q ont un » facteur commun $\frac{S}{7}$; et pour former l'autre facteur, en supposant » qu'on a observé un nombre n d'abaissemens, développez, par la » règle du binome, la quantité $1 - (1 - z)^n$, changez, dans le » développement, les exposans de puissances en accens de mêmes » numéros (c'est-à-dire, changez z en $z_{,}$, z^2 en $z_{,,}$, &c. z^n en z_n), et » divisez respectivement les termes qui contiennent $z_{,}$, $z_{,,}$, $z_{,,,}$, &c. » z_n, par la suite des nombres naturels 1, 2, 3 &c. n. »

On aura ainsi, pour la valeur de q, déduite d'un nombre n d'abaissemens observés,

On emploie un nombre quelconque n d'observations.

$$q = \frac{1}{7}\left(n z_{,} - \frac{n(n-1)}{1 \cdot 2} \cdot \frac{z_{,,}}{2} + \frac{n(n-1)(n-2)}{1 \cdot 2 \cdot 3} \cdot \frac{z_{,,,}}{3} - \&c. \ldots \pm \frac{z_{(n)}}{n}\right)S,$$

et on ne verra peut-être pas sans intérêt des résultats d'analyse élevée fournir des règles de pratique très-simples pour des objets d'une grande utilité *.

---

* Les équations générales données *pages 22 et 23*, peuvent avoir une application utile dans la pratique de la *géométrie descriptive*. Le tracé des *épures* exige souvent qu'on mène, par des moyens mécaniques, des tangentes à des courbes dont on ignore la nature, afin de pouvoir ensuite trouver les directions des perpendiculaires aux mêmes courbes : cette opération est sur-tout nécessaire pour trouver le développement des *joints de lit*, leurs courbes d'*extrados* d'après celles d'*intrados*, &c. Voici un moyen fort simple et fort exact de l'exécuter :

Soit $A M' M'' M'''$, &c. *figure 6*, n.os 1 et 2, une courbe quelconque assujettie ou non à une loi susceptible d'être exprimée par une équation, mais d'une courbure continue : si on veut lui mener une tangente AT au point A, on tracera par ce point et dans une direction quelconque, une ligne droite indéfinie $A P' P'' P'''$, &c. On divisera cette ligne en parties égales $A P'$, $P' P''$, $P'' P'''$, &c. et on mènera les ordonnées $P' M'$, $P'' M''$, $P''' M'''$, &c. (l'arc compris depuis A jusqu'à l'ordonnée extrême, ne doit pas être d'une grande amplitude), et m étant supposé le point de rencontre de la tangente et de la première ordonnée,

Lorsque les observations seront bien faites, ce qu'on vérifiera en examinant si les différences premières et secondes ont une marche régulière, l'une quelconque des équations ci-dessus doit donner la valeur de q avec de très-petites anomalies. Je remarquerai cependant que la première équation fournira toujours un résultat un peu faible, puisque, n'employant qu'une seule observation, elle suppose que la surface supérieure du fluide s'abaisse avec la vîtesse uniforme $\frac{z'}{\tau}$, tandis que cet abaissement a lieu d'un mouvement retardé, dans lequel la vîtesse initiale, qui résout le problème, est plus grande que $\frac{z'}{\tau}$, celle-ci étant à-peu-près moyenne entre celles qui ont lieu au commencement et à la fin de τ: ce résultat sera cependant peu erroné, lorsque τ ne sera que d'un petit nombre de secondes. Quant aux deuxième, troisième &c. équations, comme elles emploient plusieurs observations, la variation du mouvement y est introduite par cette circonstance; et si les deux premières observations sont bien exactes, la deuxième équation doit donner, dès l'abord, le véritable produit du ruisseau: car, ainsi que je l'ai déjà observé, les différences secondes des abaissemens doivent, par la nature du phénomène, être ou constantes, ou très-petites; il n'en sera pas moins extrêmement utile d'examiner si les troisième, quatrième, &c. équations s'accordent avec la première.

Il est à propos, pour ne rien laisser à desirer sur l'intelligence de ma méthode, de donner un exemple numérique.

---

on aura

$$P'm = 2\ P'M' - \tfrac{1}{2}\ P''M''$$
$$P'm = 3\ P'M' - \tfrac{3}{2}\ P''M'' + \tfrac{1}{3}\ P'''M'''$$
&c. &c.

Il suffira, dans l'usage, de s'en tenir à la première construction, qui se réduit à *doubler la première ordonnée, et à retrancher du double la moitié de la seconde ordonnée.*

On pourra, pour plus de précision, déterminer un point de la tangente sur la 2.ᵉ, 3.ᵉ, &c. ordonnée, en doublant, triplant, &c. les valeurs ci-dessus.

Supposons

Supposons qu'on ait fait la série suivante d'observations,

TEMPS.		ABAISSEMENS correspondans.	
		mètres.	
0		0,0000	
10″	$= \tau$	0,0784	$= z_{\prime}$
20″	$= 2\tau$	0,1536	$= z_{\prime\prime}$
30″	$= 3\tau$	0,2256	$= z_{\prime\prime\prime}$
40″	$= 4\tau$	0,2944	$= z_{\mathrm{iv}}$
50″	$= 5\tau$	0,3600	$= z_{\mathrm{v}}$
60″	$= 6\tau$	0,4224	$= z_{\mathrm{vi}}$;

et que la section horizontale du lit du canal, rendu prismatique entre le batardeau et le barrage du pertuis sur une hauteur de 0^{mètre},45, soit de 50 mètres carrés, ce qui donne $S = 50$, on aura, pour le produit q du ruisseau pendant l'unité de temps, par les équations ci-dessus,

		mètres cubes.
1.re équation, en employant une observation.	$q = \frac{50}{10} \times 0{,}0784 = \ldots$	0,3920
2.e pour deux observations.	$q = \frac{50}{10}\left(2 \times 0{,}0784 - \frac{0{,}1536}{2}\right) = \ldots$	0,4
3.e pour trois observations.	$q = \frac{50}{10}\left(3 \times 0{,}0784 - 3 \cdot \frac{0{,}1536}{2} + \frac{0{,}2256}{3}\right) = \ldots$	0,4
4.^{e} pour quatre observ.	$q = \frac{50}{10}\left(4 \times 0{,}0784 - 6 \cdot \frac{0{,}1536}{2} + 4 \cdot \frac{0{,}2256}{3} - \frac{0{,}2944}{4}\right) = \ldots$	0,4
5.^{e} pour cinq observations.	$q = \frac{50}{10}\left(5 \times 0{,}0784 - 10 \cdot \frac{0{,}1536}{2} + 10 \cdot \frac{0{,}2256}{3} - 5 \cdot \frac{0{,}2944}{4} + \frac{0{,}36}{5}\right) = \ldots$	0,4
6.e pour six observations.	$q = \frac{50}{10}\left(6 \times 0{,}0784 - 15\ \frac{0{,}1536}{2} + 20 \cdot \frac{0{,}2256}{3} - 15 \cdot \frac{0{,}2944}{4} + 6 \cdot \frac{36}{5} - \frac{0{,}4224}{6}\right) = \ldots$	0,4

&c. &c.

D

On voit que toutes les équations, à partir de la seconde, s'accordent pour donner $\frac{4}{10}$ de mètre cube pour le produit du ruisseau par seconde, ou 34560 mètres cubes en vingt-quatre heures; ce produit répond à celui que fournirait un pertuis vertical de $0^{\text{mètre carré}},112889$, en supposant la charge d'eau sur le centre de figure, d'un mètre, et le déchet de l'écoulement effectif égal au $\frac{1}{5}$ du produit théorique.

On ne doit pas espérer d'obtenir toujours entre les observations un accord aussi parfait que celui qui existe entre les nombres de l'exemple précédent; mais lorsque ces observations seront faites avec soin, et qu'on aura eu l'attention d'en régulariser les résultats par le moyen des différences secondes et premières, les anomalies des produits calculés par les différentes formules seront toujours assez petites pour qu'on puisse n'y avoir aucun égard dans la pratique.

Si on veut multiplier les comparaisons, on peut prendre les observations de deux en deux, de trois en trois, &c. Ainsi, dans l'exemple précédent, si au lieu de $\tau = 10''$ on fait $\tau = 20''$, on aura

$$z_{,} = 0{,}1536,$$
$$z_{,,} = 0{,}2944,$$
$$z_{,,,} = 0{,}4224;$$

et le produit q par seconde sera,

1.re équation... $q = \frac{50}{20} \cdot 0{,}1536 = \ldots\ldots\ldots\ldots\ldots\ldots\ldots\ldots\ldots\ldots\ldots$ $0^{\text{mètres cubes}},384$,

2.e équation... $q = \frac{50}{20}\left(2 \times 0{,}1536 - \frac{0{,}2944}{2}\right) = \ldots\ldots\ldots$ $0{,}4$,

3.e équation... $q = \frac{50}{20}\left(3 \times 0{,}1536 - 3\,\frac{0{,}2944}{2} + \frac{0{,}4224}{3}\right) = 0{,}4$.

Le premier résultat est un peu plus faible qu'on ne l'a trouvé précédemment, parce que τ est plus grand; mais il n'y a aucune variation dans les autres résultats.

Ainsi, voilà une méthode pour obtenir le produit d'un courant d'eau, par *le fait*, qui dispense de recourir à aucune hypothèse tant sur la loi de l'écoulement par un orifice soit vertical, soit horizontal, que sur la contraction de la veine fluide, &c., pour laquelle on n'a aucun besoin de connaître la forme de l'orifice, de mesurer ses dimensions, et la hauteur de l'eau au-dessus de cet orifice, &c. &c. La section horizontale $\mathcal{S}$ du bassin est substituée très-avantageusement à l'aire de l'orifice, en ce que, vu la grandeur de cette section, les erreurs sur son évaluation influent infiniment moins sur le résultat que les erreurs sur l'évaluation de l'aire de l'orifice. Les moyens que je propose pour mesurer les abaissemens du fluide, sont bien plus précis que ceux qu'on emploie ordinairement pour mesurer la hauteur de l'eau au-dessus du sommet ou de la base de l'orifice. Les calculs des produits sont beaucoup plus simples que ceux employés pour les écoulemens par les orifices; les diverses observations se servent de comprobation réciproque, &c.

Les procédés de cette méthode n'ont rien, dans les constructions qu'ils exigent, qu'on ne puisse faire exécuter, dans chaque pays, par les ouvriers qui s'occupent des arts tenant aux besoins de première nécessité : je suppose que les ingénieurs sont, en général, munis d'une montre ou d'un compteur à secondes; et il est facile d'y suppléer, en suspendant à un fil très-délié, une balle de plomb dont le centre soit à $0^{\text{mètr.}},9938$ du point de suspension; ce qui donne un pendule à seconde très-exact, quand on lui fait faire de petites oscillations.

Une suite de premières observations très-bien faites doit abréger les observations suivantes par les lois qu'on peut en déduire sur le mouvement des fluides qui s'échappent par des orifices, en comparant les produits *effectifs* que donne ma méthode, avec les formes, les dimensions et les charges des orifices; et c'est un grand avantage d'une méthode où tous les phénomènes sont immédiatement observés et mesurés, d'avancer la science en même temps qu'elle fournit les données dont on a besoin pour un but particulier.

Les procédés que j'ai décrits exigent, à la vérité, un peu plus de soin, de temps et de dépense que ceux ordinairement employés;

mais leurs résultats sont bien plus certains, et leur objet est d'une si haute importance, qu'on ne doit point regarder à une légère augmentation de frais, de précautions et de travail, lorsqu'elle assure la connaissance de la vérité; d'ailleurs, tous les bois employés pour le jaugeage d'un ruisseau, peuvent ou servir aux jeaugeages de plusieurs autres ruisseaux, ou être repris par les fournisseurs aux conditions d'usage, ce qui réduit la principale dépense à la main-d'œuvre; et il ne faut pas perdre de vue qu'une méthode aisée et rigoureuse, qui fournit, dès l'abord, un résultat certain, est presque toujours plus économique que les méthodes imparfaites et peu sûres, dont on ne tire, après des vérifications réitérées et très-dispendieuses par leur répétition, que des données fausses ou incertaines.

Cependant on se ferait une très-fausse idée de la méthode de jaugeage que je propose, si on la regardait comme essentiellement plus coûteuse et plus pénible que les méthodes ordinaires. J'ai voulu donner les détails des dispositions à faire pour cette opération, telles qu'on les voit représentées sur la planche, de manière à n'ómettre aucune des précautions à prendre dans les cas les plus extraordinaires; mais les circonstances où toutes ces préparations deviennent nécessaires sont si rares, qu'on doit presque les regarder comme n'existant pas, quant aux applications pratiques; en sorte qu'on pourra, dans les cas ordinaires, réduire l'opération au plus grand degré de simplicité et d'économie, ainsi qu'on va le voir.

Fig. 1. J'observe d'abord que lorsque les vannes V seront fermées et que l'eau s'écoulera par le pertuis pratiqué au barrage inférieur, on pourra, en général, laisser les vannes *v* fermées, sans craindre que, pendant la durée de l'expérience, l'eau s'élève, dans le lit du ruisseau en amont du batardeau, à une hauteur telle qu'il en résulte des inconvéniens quelconques. En effet, ces sortes d'observations ne se faisant pas à l'époque où les ruisseaux se débordent ou sont près de se déborder, si on donne au batardeau la hauteur convenable, l'eau pourra s'élever, d'une certaine quantité, dans le lit supérieur; et comme cette élévation sera beaucoup plus lente que l'abaissement du fluide qui, dans la retenue en aval du batardeau, s'écoule par le pertuis de cette retenue, sans se renouveler, le temps nécessaire pour observer les abaissemens successifs qui doivent donner le produit du ruisseau, sera très-petit en comparaison de celui que le ruisseau barré emploierait à surmonter le barrage et ses rives.

Ainsi les vannes *v*, qui ne seraient utiles que dans des circonstances infiniment rares, seront supprimées dans tous les cas habituels; et on supprimera aussi, par conséquent, la rigole qui conduit l'eau de l'amont du batardeau à l'aval du barrage du pertuis.

Cette simplification importante fait déjà disparaître la principale difficulté de l'opération; l'ingénieur n'a plus qu'à travailler dans le lit même du ruisseau, où il peut encore réduire considérablement la dépense de ses dispositions par les moyens suivans.

J'ai dit qu'il fallait, pour donner de la régularité à la paroi de la partie du lit du ruisseau comprise entre le batardeau et le barrage du pertuis, adapter à cette paroi un bordage de planches qui rendît le lit prismatique sur quatre ou cinq décimètres de hauteur. Cette disposition n'a pour but que de donner une base constante aux différens prismes d'eau écoulés correspondans aux différens temps de l'écoulement, ce qui abrége le calcul de leurs volumes : mais ce n'est là qu'une chose de pure commodité; et si on parvient, d'une manière quelconque, à connaître le nombre de mètres cubes d'eau écoulés depuis l'abaissement des vannes V jusqu'à un instant quelconque de la durée de l'expérience, on en déduira également le produit du ruisseau, quelle que soit la forme de la paroi du réservoir, en introduisant dans les formules les petits changemens dont je parlerai bientôt.

Or, ces nombres de mètres cubes se déduisent d'une opération très-familière aux ingénieurs, et qui consiste à faire des profils transversaux du réservoir ou de la retenue, assez rapprochés pour qu'on puisse, par les règles de la mesure des solides, en déduire les volumes demandés. La ligne *à fleur d'eau* correspondante à la hauteur à laquelle l'eau cesse de s'élever en amont du pertuis, avant que la vanne V soit fermée, sera marquée sur tous ces profils; et c'est à partir de cette ligne que se compteront tous les volumes d'eau écoulés pendant différens temps.

Voilà donc les rigoles ou fossés, et le bordage en planches, c'est-à-dire, la portion la plus considérable de la fourniture des matériaux et du travail de main-d'œuvre, supprimés, sans nuire en aucune manière au but qu'on se propose : mais ce n'est pas tout; et puisqu'on évite la partie de la dépense qui, proportionnelle à la longueur du réservoir formé entre le batardeau et le barrage du pertuis, pourrait gêner dans l'étendue à donner au réservoir, il n'y aura plus d'inconvénient (ou du moins il y en aura très-rarement) à mettre le batardeau et les vannes V à une distance assez considérable du barrage du pertuis, pour que le réservoir, compris entre ce batardeau et ce barrage, contienne une telle masse d'eau que le mouvement dû à l'affluence de l'eau du lit supérieur du ruisseau ne trouble pas sensiblement les phénomènes de l'écoulement : dès-lors le batardeau et les rigoles coudées qui conduisent l'eau de l'amont à l'aval de ce batardeau deviennent inutiles, et les deux vannes V peuvent être remplacées par une seule, établie en travers du ruisseau, à la place du batardeau, et disposée comme les vannes V pour pouvoir être fermée instantanément.

L'augmentation de l'étendue du réservoir qu'on forme au-dessus du barrage, a un avantage important, celui de donner plus de durée à l'écoulement, par le pertuis, de l'eau isolée en amont de ce pertuis, et de fournir par-là des résultats d'observations plus certains, et d'où on déduit le produit du ruisseau d'une manière plus précise.

D'après ces simplifications, voici ultérieurement à quoi se réduit ma méthode pour jauger le produit des ruisseaux, considérée quant à la presque totalité des cas auxquels on aura à l'appliquer.

« Choisissez une partie du lit du ruisseau dont on puisse » prendre commodément plusieurs profils en travers, la distance » ou longueur comprise entre les deux sections extrêmes étant de

» 100, 200, &c. mètres, autant que les localités le permettront. » Établissez au point le plus bas de cette longueur un barrage avec » un pertuis d'écoulement, et, au point le plus haut, une vanne » disposée de manière qu'on puisse la fermer instantanément : cette » vanne étant maintenue à une ouverture fixe, demeurera levée » jusqu'à ce que l'eau ait acquis une hauteur constante en amont du » barrage ; ce dont on s'assurera en examinant si les flotteurs dont j'ai » parlé précédemment sont parfaitement stationnaires. Lorsque cette » condition sera obtenue, on fermera instantanément la vanne, de » manière que l'eau s'écoule par le pertuis qui est à l'autre extrémité » du réservoir, sans se renouveler dans ce réservoir. On observera » alors, au moyen des flotteurs, les temps correspondans à différens » abaissemens de l'eau, comme il a été expliqué ci-dessus.

» On fera, avant ou après l'observation des abaissemens successifs » de l'eau dans le réservoir, un nombre suffisant de profils en tra- » vers du ruisseau, pour évaluer avec exactitude, par les méthodes » connues du toisé des solides, les volumes d'eau écoulés qui cor- » respondent à chacun des abaissemens ; et il faudra, par consé- » quent, tracer sur chacun de ces profils la ligne de plus grande » hauteur à laquelle l'eau s'est élevée en amont du pertuis.

» D'après toutes ces données, on calculera le produit du ruisseau » pendant une seconde, de la manière suivante :

» Soient,

Les temps observés en secondes.	Les volumes d'eau écoulés pendant les temps ci à côté.
0.	 0
τ.	. . . . . . $q_{\prime}$
2 τ.	. . . . . . $q_{\prime\prime}$
3 τ.	. . . . . . $q_{\prime\prime\prime}$
4 τ.	. . . . . . q_{iv}
&c.	&c.
$n\,\tau$.	. . . . . . $q_{(n)}$

» Le volume q d'eau fournie par le ruisseau, pendant l'unité de » temps, se calculera par l'une des équations suivantes :

Pour une observation. $\left.\right\} q = \frac{1}{t}\, q_{,}$,

Pour deux observations. $\left.\right\} q = \frac{1}{t}\left(2 q_{,} - \frac{q_{,,}}{2}\right)$,

Pour trois observations. $\left.\right\} q = \frac{1}{t}\left(3 q_{,} - 3\,\frac{q_{,,}}{2} + \frac{q_{,,,}}{3}\right)$,

&c. &c.

Pour n observations. $\left.\right\} q = \frac{1}{t}\left(n q_{,} - \frac{n(n-1)}{1 \cdot 2} \cdot \frac{q_{,,}}{2} + \frac{n(n-1)(n-2)}{1 \cdot 2 \cdot 3} \cdot \frac{q_{,,,}}{3} - \&c. \ldots \pm \frac{q_{(n)}}{n}\right)$.

» Les quantités $q_{,}$, $q_{,,}$, &c. sont, respectivement, multipliées par » les coëfficiens du binome, et divisées par la suite des nombres » naturels 1, 2, 3, &c. . . . n. Ainsi ces équations sont précisément » de même forme que celles données ci-dessus, et n'ont pas besoin » de plus ample explication pour ceux qui auront lu tout ce qui » précède. »

Je ne dois pas passer sous silence un procédé très-direct pour obtenir, par *le fait*, le produit d'un courant, et qui consiste à recueillir immédiatement ce produit dans des récipiens de capacités données ; il faut, si la quantité d'eau est assez petite pour qu'on puisse la recevoir dans des vases mobiles, profiter d'une chute ou en pratiquer une qui permette de placer ces vases au-dessous d'un orifice, ou de la section extrême du lit supérieur, et de les substituer instantanément les uns aux autres. On peut aussi faire couler l'eau, qui s'échappe par cet orifice, dans une cuve ou vaste récipient placé à côté du ruisseau à une hauteur telle que l'eau puisse y affluer ; autrement on ferait un barrage au bas de la chute, et on éleverait dans un grand récipient, par des machines hydrauliques, toute l'eau fournie par le ruisseau pendant un temps donné.

Je conseille de ne point négliger les vérifications que ces moyens peuvent fournir dans quelques circonstances ; mais on reconnaîtra, avec

avec la moindre réflexion, que ceux proposés dans ce mémoire sont aussi directs, plus exacts, plus commodes, et même plus économiques. Un des grands avantages de ma méthode, celui d'avoir pour récipient, ou bassin, le lit même du ruisseau, présente seul de si puissans motifs de préférence, qu'il me paraît inutile d'entrer, à cet égard, dans de plus grands détails.

Je me propose de faire, pour l'instruction des élèves de l'école des ponts et chaussées, plusieurs expériences sur quelques ruisseaux des environs de Paris, aussitôt que la saison le permettra. Je finirai en observant que les portes d'écluses, garnies de ventelles, fournissent un excellent moyen de faire des observations sur les lois de l'écoulement des fluides par des pertuis, dont il serait à desirer qu'on profitât. On peut, en ouvrant la ventelle d'une porte d'amont, placée à l'extrémité d'une très-grande retenue, introduire dans le sas une quantité d'eau considérable, et dont on aura la mesure exacte, sans que la retenue baisse sensiblement, et par conséquent sous une charge constante. On peut aussi, au moyen de dispositions aisées et peu dispendieuses, faire servir les écluses aux expériences sur les écoulemens par des orifices horizontaux; et de pareilles recherches, répétées et combinées de différentes manières, doivent fournir des résultats très-utiles.

PREMIÈRE TABLE.

Étant donnée l'équation

$$A = \tfrac{2}{3} \cdot \frac{k}{a} \left\{ \left(1 + \frac{a}{2k}\right)^{\frac{3}{2}} - \left(1 - \frac{a}{2k}\right)^{\frac{3}{2}} \right\},$$

on trouve, dans le tableau suivant, les valeurs de A correspondantes à différentes valeurs de $\frac{a}{2k}$ et les logarithmes de ces valeurs.

Nota. Le signe $\bar{1}$ équivaut à -1, et les parties des logarithmes à droite de la virgule sont entièrement positives.

$\frac{a}{2k}$	A.	Log. A.
0,0.	1,00000.	0,00000.
0,1.	0,99958.	$\bar{1}$,99982.
0,2.	0,99832.	$\bar{1}$,99927.
0,3.	0,99619.	$\bar{1}$,99834.
0,4.	0,99312.	$\bar{1}$,99700.
0,5.	0,98904.	$\bar{1}$,99521.
0,6.	0,98383.	$\bar{1}$,99292.
0,7.	0,97724.	$\bar{1}$,99000.
0,8.	0,96896.	$\bar{1}$,98631.
0,9.	0,95828.	$\bar{1}$,98149.
1,0.	0,94281.	$\bar{1}$,97442.

DEUXIÈME TABLE.

Puissances $\frac{3}{2}$ des Nombres, de 10.e en 10.e d'unité, depuis 1 jusqu'à 300.

x.	$x^{\frac{3}{2}}$	x.	$x^{\frac{3}{2}}$	x.	$x^{\frac{3}{2}}$
1,0.	1,000.	4,1.	8,302.	7,2.	19,320.
1,1.	1,154.	4,2.	8,607.	7,3.	19,724.
1,2.	1,315.	4,3.	8,917.	7,4.	20,130.
1,3.	1,482.	4,4.	9,230.	7,5.	20,540.
1,4.	1,657.	4,5.	9,546.	7,6.	20,952.
1,5.	1,837.	4,6.	9,866.	7,7.	21,367.
1,6.	2,024.	4,7.	10,189.	7,8.	21,784.
1,7.	2,217.	4,8.	10,516.	7,9.	22,204.
1,8.	2,415.	4,9.	10,847.	8,0.	22,627.
1,9.	2,619.	5,0.	11,180.	8,1.	23,053.
2,0.	2,828.	5,1.	11,517.	8,2.	23,481.
2,1.	3,043.	5,2.	11,858.	8,3.	23,912.
2,2.	3,263.	5,3.	12,201.	8,4.	24,346.
2,3.	3,488.	5,4.	12,549.	8,5.	24,782.
2,4.	3,718.	5,5.	12,899.	8,6.	25,220.
2,5.	3,953.	5,6.	13,252.	8,7.	25,661.
2,6.	4,192.	5,7.	13,609.	8,8.	26,105.
2,7.	4,437.	5,8.	13,968.	8,9.	26,551.
2,8.	4,685.	5,9.	14,331.	9,0.	27,000.
2,9.	4,939.	6,0.	14,697.	9,1.	27,451.
3,0.	5,196.	6,1.	15,066.	9,2.	27,905.
3,1.	5,458.	6,2.	15,438.	9,3.	28,361.
3,2.	5,724.	6,3.	15,813.	9,4.	28,820.
3,3.	5,995.	6,4.	16,191.	9,5.	29,281.
3,4.	6,269.	6,5.	16,572.	9,6.	29,745.
3,5.	6,548.	6,6.	16,956.	9,7.	30,210.
3,6.	6,831.	6,7.	17,343.	9,8.	30,679.
3,7.	7,117.	6,8.	17,732.	9,9.	31,150.
3,8.	7,408.	6,9.	18,125.	10,0.	31,623.
3,9.	7,702.	7,0.	18,520.	10,1.	32,098.
4,0.	8,000.	7,1.	18,919.	10,2.	32,576.

x	$x^{\frac{3}{2}}$	x	$x^{\frac{3}{2}}$	x	$x^{\frac{3}{2}}$
10,3.	33,056.	14,2.	53,510.	18,1.	77,005.
10,4.	33,539.	14,3.	54,076.	18,2.	77,644.
10,5.	34,024.	14,4.	54,644.	18,3.	78,285.
10,6.	34,511.	14,5.	55,214.	18,4.	78,927.
10,7.	35,001.	14,6.	55,787.	18,5.	79,571.
10,8.	35,492.	14,7.	56,361.	18,6.	80,218.
10,9.	35,986.	14,8.	56,937.	18,7.	80,865.
11,0.	36,483.	14,9.	57,515.	18,8.	81,515.
11,1.	36,981.	15,0.	58,095.	18,9.	82,166.
11,2.	37,482.	15,1.	58,677.	19,0.	82,819.
11,3.	37,985.	15,2.	59,261.	19,1.	83,474.
11,4.	38,491.	15,3.	59,846.	19,2.	84,130.
11,5.	38,998.	15,4.	60,434.	19,3.	84,788.
11,6.	39,508.	15,5.	61,024.	19,4.	85,448.
11,7.	40,020.	15,6.	61,615.	19,5.	86,110.
11,8.	40,534.	15,7.	62,208.	19,6.	86,773.
11,9.	41,051.	15,8.	62,804.	19,7.	87,438.
12,0.	41,569.	15,9.	63,401.	19,8.	88,104.
12,1.	42,090.	16,0.	64,000.	19,9.	88,773.
12,2.	42,613.	16,1.	64,601.	20,0.	89,443.
12,3.	43,138.	16,2.	65,204.	20,1.	90,114.
12,4.	43,665.	16,3.	65,808.	20,2.	90,788.
12,5.	44,194.	16,4.	66,415.	20,3.	91,463.
12,6.	44,726.	16,5.	67,023.	20,4.	92,139.
12,7.	45,259.	16,6.	67,634.	20,5.	92,818.
12,8.	45,795.	16,7.	68,246.	20,6.	93,498.
12,9.	46,332.	16,8.	68,860.	20,7.	94,179.
13,0.	46,872.	16,9.	69,475.	20,8.	94,863.
13,1.	47,414.	17,0.	70,093.	20,9.	95,548.
13,2.	47,958.	17,1.	70,712.	21,0.	96,234.
13,3.	48,504.	17,2.	71,333.	21,1.	96,922.
13,4.	49,052.	17,3.	71,956.	21,2.	97,612.
13,5.	49,602.	17,4.	72,581.	21,3.	98,304.
13,6.	50,154.	17,5.	73,208.	21,4.	98,997.
13,7.	50,709.	17,6.	73,836.	21,5.	99,691.
13,8.	51,265.	17,7.	74,466.	21,6.	100,388.
13,9.	51,823.	17,8.	75,098.	21,7.	101,085.
14,0.	52,383.	17,9.	75,732.	21,8.	101,785.
14,1.	52,945.	18,0.	76,368.	21,9.	102,486.

x	$x^{\frac{3}{2}}$	x	$x^{\frac{3}{2}}$	x	$x^{\frac{3}{2}}$
22,0.	103,189.	25,9.	131,810.	29,8.	162,676.
22,1.	103,894.	26,0.	132,574.	29,9.	163,496.
22,2.	104,599.	26,1.	133,340.	30,0.	164,317.
23,3.	105,307.	26,2.	134,107.	30,1.	165,139.
22,4.	106,016.	26,3.	134,876.	30,2.	165,963.
22,5.	106,727.	26,4.	135,646.	30,3.	166,788.
22,6.	107,439.	26,5.	136,417.	30,4.	167,614.
22,7.	108,153.	26,6.	137,190.	30,5.	168,442.
22,8.	108,868.	26,7.	137,964.	30,6.	169,271.
22,9.	109,585.	26,8.	138,740.	30,7.	170,101.
23,0.	110,304.	26,9.	139,518.	30,8.	170,933.
23,1.	111,024.	27,0.	140,296.	30,9.	171,766.
23,2.	111,746.	27,1.	141,076.	31,0.	172,601.
23,3.	112,469.	27,2.	141,858.	31,1.	173,436.
23,4.	113,194.	27,3.	142,641.	31,2.	174,274.
23,5.	112,921.	27,4.	143,425.	31,3.	175,112.
23,6.	114,648.	27,5.	144,211.	31,4.	175,952.
23,7.	115,378.	27,6.	144,998.	31,5.	176,793.
23,8.	116,109.	27,7.	145,787.	31,6.	177,636.
23,9.	116,841.	27,8.	146,577.	31,7.	178,480.
24,0.	117,575.	27,9.	147,369.	31,8.	179,325.
24,1.	118,311.	28,0.	148,162.	31,9.	180,171.
24,2.	119,048.	28,1.	148,957.	32,0.	181,019.
24,3.	119,787.	28,2.	149,752.	32,1.	181,869.
24,4.	120,527.	28,3.	150,550.	32,2.	182,719.
24,5.	121,269.	28,4.	151,348.	32,3.	183,571.
24,6.	122,012.	28,5.	152,148.	32,4.	184,424.
24,7.	122,757.	28,6.	152,950.	32,5.	185,278.
24,8.	123,503.	28,7.	153,753.	32,6.	186,134.
24,9.	124,251.	28,8.	154,557.	32,7.	186,991.
25,0.	125,000.	28,9.	155,363.	32,8.	187,850.
25,1.	125,751.	29,0.	156,170.	32,9.	188,710.
25,2.	126,503.	29,1.	156,978.	33,0.	189,571.
25,3.	127,257.	29,2.	157,788.	33,1.	190,433.
25,4.	128,012.	29,3.	158,599.	33,2.	191,296.
25,5.	128,769.	29,4.	159,412.	33,3.	192,161.
25,6.	129,527.	29,5.	160,226.	33,4.	193,028.
25,7.	130,287.	29,6.	161,041.	33,5.	193,895.
25,8.	131,048.	29,7.	161,858.	33,6.	194,764.

x	$x^{\frac{3}{2}}$	x	$x^{\frac{3}{2}}$	x	$x^{\frac{3}{2}}$
33,7.	195,634.	37,6.	230,559.	41,5.	267,345.
33,8.	196,506.	37,7.	231,479.	41,6.	268,312.
33,9.	197,378.	37,8.	232,401.	41,7.	269,280.
34,0.	198,252.	37,9.	233,324.	41,8.	270,249.
34,1.	199,128.	38,0.	234,248.	41,9.	271,220.
34,2.	200,004.	38,1.	235,173.	42,0.	272,191.
34,3.	200,882.	38,2.	236,099.	42,1.	273,164.
34,4.	201,761.	38,3.	237,027.	42,2.	274,138.
34,5.	202,642.	38,4.	237,956.	42,3.	275,113.
34,6.	203,523.	38,5.	238,886.	42,4.	276,089.
34,7.	204,406.	38,6.	239,817.	42,5.	277,066.
34,8.	205,290.	38,7.	240,750.	42,6.	278,045.
34,9.	206,176.	38,8.	241,684.	42,7.	279,024.
35,0.	207,063.	38,9.	242,619.	42,8.	280,005.
35,1.	207,951.	39,0.	243,555.	42,9.	280,987.
35,2.	208,840.	39,1.	244,492.	43,0.	281,970.
35,3.	209,731.	39,2.	245,431.	43,1.	282,954.
35,4.	210,623.	39,3.	246,371.	43,2.	283,939.
35,5.	211,516.	39,4.	247,311.	43,3.	284,926.
35,6.	212,410.	39,5.	248,254.	43,4.	285,913.
35,7.	213,306.	39,6.	249,197.	43,5.	286,902.
35,8.	214,202.	39,7.	250,142.	43,6.	287,892.
35,9.	215,101.	39,8.	251,087.	43,7.	288,883.
36,0.	216,000.	39,9.	252,034.	43,8.	289,875.
36,1.	216,901.	40,0.	252,982.	43,9.	290,869.
36,2.	217,802.	40,1.	253,931.	44,0.	291,863.
36,3.	218,706.	40,2.	254,882.	44,1.	292,858.
36,4.	219,610.	40,3.	255,834.	44,2.	293,855.
36,5.	220,516.	40,4.	256,786.	44,3.	294,853.
36,6.	221,422.	40,5.	257,740.	44,4.	295,852.
36,7.	222,330.	40,6.	258,696.	44,5.	296,852.
36,8.	223,240.	40,7.	259,652.	44,6.	297,853.
36,9.	224,150.	40,8.	260,609.	44,7.	298,855.
37,0.	225,062.	40,9.	261,568.	44,8.	299,859.
37,1.	225,975.	41,0.	262,528.	44,9.	300,863.
37,2.	226,889.	41,1.	263,489.	45,0.	301,869.
37,3.	227,805.	41,2.	264,451.	45,1.	302,876.
37,4.	228,722.	41,3.	265,415.	45,2.	303,884.
37,5.	229,640.	41,4.	266,379.	45,3.	304,893.

x	$x^{\frac{3}{2}}$	x	$x^{\frac{3}{2}}$	x	$x^{\frac{3}{2}}$
45,4.	305,903.	49,3.	346,155.	53,2.	388,032.
45,5.	306,914.	49,4.	347,208.	53,3.	389,126.
45,6.	307,927.	49,5.	348,263.	53,4.	390,222.
45,7.	308,940.	49,6.	349,319.	53,5.	391,319.
45,8.	309,955.	49,7.	350,376.	53,6.	392,416.
45,9.	310,970.	49,8.	351,434.	53,7.	393,515.
46,0.	311,987.	49,9.	352,493.	53,8.	394,615.
46,1.	313,005.	50,0.	353,553.	53,9.	395,716.
46,2.	314,024.	50,1.	354,615.	54,0.	396,817.
46,3.	315,044.	50,2.	355,677.	54,1.	397,920.
46,4.	316,065.	50,3.	356,740.	54,2.	399,024.
46,5.	317,088.	50,4.	357,804.	54,3.	400,129.
46,6.	318,111.	50,5.	358,870.	54,4.	401,234.
46,7.	319,136.	50,6.	359,936.	54,5.	402,341.
46,8.	320,161.	50,7.	361,005.	54,6.	403,449.
46,9.	321,188.	50,8.	362,072.	54,7.	404,558.
47,0.	322,216.	50,9.	363,142.	54,8.	405,668.
47,1.	323,245.	51,0.	364,213.	54,9.	406,779.
47,2.	324,275.	51,1.	365,284.	55,0.	407,891.
47,3.	325,306.	51,2.	366,357.	55,1.	409,004.
47,4.	326,338.	51,3.	367,431.	55,2.	410,118.
47,5.	327,371.	51,4.	368,506.	55,3.	411,233.
47,6.	328,405.	51,5.	369,582.	55,4.	412,349.
47,7.	329,441.	51,6.	370,659.	55,5.	413,466.
47,8.	330,477.	51,7.	371,737.	55,6.	414,584.
47,9.	331,515.	51,8.	372,816.	55,7.	415,703.
48,0.	332,554.	51,9.	373,896.	55,8.	416,823.
48,1.	333,593.	52,0.	374,977.	55,9.	417,944.
48,2.	334,634.	52,1.	376,059.	56,0.	419,066.
48,3.	335,676.	52,2.	377,143.	56,1.	420,189.
48,4.	336,719.	52,3.	378,227.	56,2.	421,312.
48,5.	337,763.	52,4.	379,312.	56,3.	422,438.
48,6.	338,809.	52,5.	380,399.	56,4.	423,564.
48,7.	339,855.	52,6.	381,486.	56,5.	424,691.
48,8.	340,902.	52,7.	382,574.	56,6.	425,818.
48,9.	341,950.	52,8.	383,664.	56,7.	426,948.
49,0.	343,000.	52,9.	384,754.	56,8.	428,078.
49,1.	344,050.	53,0.	385,846.	56,9.	429,209.
49,2.	345,102.	53,1.	386,938.	57,0.	430,340.

x	$x^{\frac{3}{2}}$	x	$x^{\frac{3}{2}}$	x.	$x^{\frac{3}{2}}$
57,1.	431,473.	61,0.	476,425.	64,9.	522,838.
57,2.	432,607.	61,1.	477,597.	65,0.	524,047.
57,3.	433,742.	61,2.	478,770.	65,1.	525,256.
57,4.	434,878.	61,3.	479,944.	65,2.	526,467.
57,5.	436,015.	61,4.	481,119.	65,3.	527,679.
57,6.	437,153.	61,5.	482,295.	65,4.	528,891.
57,7.	438,292.	61,6.	483,472.	65,5.	530,105.
57,8.	439,432.	61,7.	484,650.	65,6.	531,319.
57,9.	440,573.	61,8.	485,828.	65,7.	532,534.
58,0.	441,715.	61,9.	487,008.	65,8.	533,751.
58,1.	442,858.	62,0.	488,188.	65,9.	534,968.
58,2.	444,002.	62,1.	489,370.	66,0.	536,187.
58,3.	445,146.	62,2.	490,553.	66,1.	537,406.
58,4.	446,292.	62,3.	491,736.	66,2.	538,626.
58,5.	447,439.	62,4.	492,921.	66,3.	539,846.
58,6.	448,587.	62,5.	494,106.	66,4.	541,068.
58,7.	449,735.	62,6.	495,292.	66,5.	542,291.
58,8.	450,885.	62,7.	496,479.	66,6.	543,515.
58,9.	452,036.	62,8.	497,668.	66,7.	544,739.
59,0.	453,188.	62,9.	498,857.	66,8.	545,965.
59,1.	454,340.	63,0.	500,047.	66,9.	547,191.
59,2.	455,494.	63,1.	501,238.	67,0.	548,419.
59,3.	456,648.	63,2.	502,430.	67,1.	549,647.
59,4.	457,804.	63,3.	503,623.	67,2.	550,876.
59,5.	458,961.	63,4.	504,817.	67,3.	552,106.
59,6.	460,118.	63,5.	506,012.	67,4.	553,337.
59,7.	461,277.	63,6.	507,208.	67,5.	554,569.
59,8.	462,436.	63,7.	508,404.	67,6.	555,802.
59,9.	463,597.	63,8.	509,602.	67,7.	557,036.
60,0.	464,758.	63,9.	510,800.	67,8.	558,270.
60,1.	465,920.	64,0.	512,000.	67,9.	559,506.
60,2.	467,084.	64,1.	513,200.	68,0.	560,742.
60,3.	468,248.	64,2.	514,402.	68,1.	561,980.
60,4.	469,413.	64,3.	515,604.	68,2.	563,218.
60,5.	470,580.	64,4.	516,807.	68,3.	564,457.
60,6.	471,747.	64,5.	518,012.	68,4.	565,697.
60,7.	472,915.	64,6.	519,217.	68,5.	566,938.
60,8.	474,084.	64,7.	520,423.	68,6.	568,180.
60,9.	475,254.	64,8.	521,630.	68,7.	569,423.

x	$x^{\frac{3}{2}}$	x	$x^{\frac{3}{2}}$	x	$x^{\frac{3}{2}}$
68,8.	570,667.	72,7.	619,871.	76,6.	670,414.
68,9.	571,911.	72,8.	621,151.	76,7.	671,727.
69,0.	573,157.	72,9.	622,431.	76,8.	673,041.
69,1.	574,404.	73,0.	623,712.	76,9.	674,356.
69,2.	575,651.	73,1.	624,994.	77,0.	675,672.
69,3.	576,899.	73,2.	626,277.	77,1.	676,989.
69,4.	578,148.	73,3.	627,561.	77,2.	678,306.
69,5.	579,398.	73,4.	628,846.	77,3.	679,625.
69,6.	580,649.	73,5.	630,131.	77,4.	680,944.
69,7.	581,901.	73,6.	631,418.	77,5.	682,264.
69,8.	583,154.	73,7.	632,705.	77,6.	683,585.
69,9.	584,408.	73,8.	633,993.	77,7.	684,907.
70,0.	585,662.	73,9.	635,282.	77,8.	686,229.
70,1.	586,917.	74,0.	636,572.	77,9.	687,553.
70,2.	588,174.	74,1.	637,863.	78,0.	688,877.
70,3.	589,431.	74,2.	639,155.	78,1.	690,202.
70,4.	590,689.	74,3.	640,447.	78,2.	691,528.
70,5.	591,948.	74,4.	641,740.	78,3.	692,855.
70,6.	593,208.	74,5.	643,035.	78,4.	694,183.
70,7.	594,469.	74,6.	644,330.	78,5.	695,512.
70,8.	595,731.	74,7.	645,626.	78,6.	696,841.
70,9.	596,993.	74,8.	646,923.	78,7.	698,171.
71,0.	598,257.	74,9.	648,220.	78,8.	699,503.
71,1.	599,521.	75,0.	649,519.	78,9.	700,835.
71,2.	600,786.	75,1.	650,819.	79,0.	702,167.
71,3.	602,052.	75,2.	652,119.	79,1.	703,501.
71,4.	603,319.	75,3.	653,420.	79,2.	704,835.
71,5.	604,587.	75,4.	654,722.	79,3.	706,170.
71,6.	605,856.	75,5.	656,025.	79,4.	707,507.
71,7.	607,126.	75,6.	657,329.	79,5.	708,844.
71,8.	608,396.	75,7.	658,633.	79,6.	710,182.
71,9.	609,668.	75,8.	659,939.	79,7.	711,520.
72,0.	610,940.	75,9.	661,245.	79,8.	712,860.
72,1.	612,213.	76,0.	662,552.	79,9.	714,200.
72,2.	613,488.	76,1.	663,861.	80,0.	715,542.
72,3.	614,763.	76,2.	665,169.	80,1.	716,884.
72,4.	616,039.	76,3.	666,479.	80,2.	718,227.
72,5.	617,315.	76,4.	667,790.	80,3.	719,570.
72,6.	618,593.	76,5.	669,102.	80,4.	720,915.

x	$x^{\frac{3}{2}}$	x	$x^{\frac{3}{2}}$	x	$x^{\frac{3}{2}}$
80,5.	722,260.	84,4.	775,378.	88,3.	829,738.
80,6.	723,607.	84,5.	776,757.	88,4.	831,148.
80,7.	724,954.	84,6.	778,136.	88,5.	832,559.
80,8.	726,302.	84,7.	779,516.	88,6.	833,970.
80,9.	727,650.	84,8.	780,897.	88,7.	835,383.
81,0.	729,000.	84,9.	782,279.	88,8.	836,795.
81,1.	730,350.	85,0.	783,661.	88,9.	838,209.
81,2.	731,702.	85,1.	785,044.	89,0.	839,624.
81,3.	733,054.	85,2.	786,428.	89,1.	841,040.
81,4.	734,407.	85,3.	787,814.	89,2.	842,456.
81,5.	735,760.	85,4.	789,199.	89,3.	843,873.
81,6.	737,115.	85,5.	790,586.	89,4.	845,291.
81,7.	738,470.	85,6.	791,973.	89,5.	846,710.
81,8.	739,827.	85,7.	793,362.	89,6.	848,129.
81,9.	741,184.	85,8.	794,751.	89,7.	849,549.
82,0.	742,541.	85,9.	796,140.	89,8.	850,970.
82,1.	743,900.	86,0.	797,531.	89,9.	852,392.
82,2.	745,260.	86,1.	798,922.	90,0.	853,815.
82,3.	746,620.	86,2.	800,315.	90,1.	855,238.
82.4.	747,981.	86,3.	801,708.	90,2.	856,662.
82,5.	749,343.	86,4.	803,102.	90,3.	858,087.
82,6.	750,706.	86,5.	804,496.	90,4.	859,513.
82,7.	752,070.	86,6.	805,892.	90,5.	860,940.
82,8.	753,434.	86,7.	807,288.	90,6.	862,367.
82,9.	754,800.	86,8.	808,685.	90,7.	863,795.
83,0.	756,166.	86,9.	810,083.	90,8.	865,224.
83,1.	757,533.	87,0.	811,482.	90,9.	866,654.
83,2.	758,901.	87,1.	812,881.	91,0.	868,084.
83,3.	760,269.	87,2.	814,282.	91,1.	869,516.
83,4.	761,639.	87,3.	815,683.	91,2.	870,948.
83,5.	763,009.	87,4.	817,085.	91,3.	872,381.
83,6.	764,380.	87,5.	818,487.	91,4.	873,815.
83,7.	765,752.	87,6.	819,891.	91,5.	875,249.
83,8.	767,125.	87,7.	821,295.	91,6.	876,684.
83,9.	768,498.	87,8.	822,700.	91,7.	878,120.
84,0.	769,873.	87,9.	824,106.	91,8.	879,557.
84,1.	771,248.	88,0.	825,513.	91,9.	880,995.
84,2.	772,624.	88,1.	826,921.	92,0.	882,433.
84,3.	774,000.	88,2.	828,329.	92,1.	883,872.

x	$x^{\frac{3}{2}}$	x	$x^{\frac{3}{2}}$	x	$x^{\frac{3}{2}}$
92,2.	885,312.	96,1.	942,074.	100,0.	1000,000.
92,3.	886,753.	96,2.	943,545.	100,1.	1001,500.
92,4.	888,194.	96,3.	945,016.	100,2.	1003,002.
92,5.	889,636.	96,4.	946,489.	100,3.	1004,503.
92,6.	891,079.	96,5.	947,962.	100,4.	1006,006.
92,7.	892,523.	96,6.	949,436.	100,5.	1007,509.
92,8.	893,968.	96,7.	950,911.	100,6.	1009,014.
92,9.	895,413.	96,8.	952,386.	100,7.	1010,518.
93,0.	896,859.	96,9.	953,862.	100,8.	1012,024.
93,1.	898,306.	97,0.	955,339.	100,9.	1013,530.
93,2.	899,754.	97,1.	956,817.	101,0.	1015,038.
93,3.	901,202.	97,2.	958,295.	101,1.	1016,545.
93,4.	902,652.	97,3.	959,775.	102,2.	1018,054.
93,5.	904,102,	97,4.	961,254.	101,3.	1019,563.
93,6.	905,553.	97,5.	962,735.	101,4.	1021,073.
93,7.	907,004.	97,6.	964,217.	101,5.	1022,584.
93,8.	908,457.	97,7.	965,699.	101,6.	1024,096.
93,9.	909,909.	97,8.	967,182.	101,7.	1025,608.
94,0.	911,364.	97,9.	968,666.	101,8.	1027,121.
94,1.	912,818.	98,0.	970,150.	101,9.	1028,635.
94,2.	914,274.	98,1.	971,636.	102,0.	1030,150.
94,3.	915,730.	98,2.	973,122.	102,1.	1031,665.
94,4.	917,187.	98,3.	974,609.	102,2.	1033,181.
94,5.	918,645.	98,4.	976,096.	102,3.	1034,698.
94,6.	920,103.	98,5.	977,584.	102,4.	1036,215.
94,7.	921,563.	98,6.	979,074.	102,5.	1037,734.
94,8.	923,023.	98,7.	980,563.	102,6.	1039,253.
94,9.	924,484.	98,8.	982,054.	102,7.	1040,772.
95,0.	925,945.	98,9.	983,545.	102,8.	1042,293.
95,1.	927,408.	99,0.	985,037.	102,9.	1043,814.
95,2.	928,871.	99,1.	986,530.	103,0.	1045,336.
95,3.	930,335.	99,2.	988,024.	103,1.	1046,859.
95,4.	931,799.	99,3.	989,518.	103,2.	1048,382.
95,5.	933,265.	99,4.	991,013.	103,3.	1049,906.
95,6.	934,731.	99,5.	992,509.	103,4.	1051,431.
95,7.	936,198.	99,6.	994,006.	103,5.	1052,957.
95,8.	937,666.	99,7.	995,503.	103,6.	1654,483.
95,9.	939,135.	99,8.	997,001.	103,7.	1056,010.
96,0.	940,604.	99,9.	998,500.	103,8.	1057,538.

x	$x^{\frac{3}{2}}$	x	$x^{\frac{3}{2}}$	x	$x^{\frac{3}{2}}$
103,9.	1059,067.	107,8.	1119,253.	111,7.	1180,537.
104,0.	1060,596.	107,9.	1120,810.	111,8.	1182,123.
104,1.	1062,126.	108,0.	1122,369.	111,9.	1183,710.
104,2.	1063,657.	108,1.	1123,928.	112,0.	1185,297.
104,3.	1065,189.	108,2.	1125,488.	112,1.	1186,884.
104,4.	1066,721.	108,3.	1127,049.	112,2.	1188,473.
104,5.	1068,254.	108,4.	1128,610.	112,3.	1190,062.
104,6.	1069,788.	108,5.	1130,172.	112,4.	1191,652.
104,7.	1071,322.	108,6.	1131,735.	112,5.	1193,243.
104,8.	1072,857.	108,7.	1133,298.	112,6.	1194,834.
104,9.	1074,393.	108,8.	1134,863.	112,7.	1196,426.
105,0.	1075,930.	108,9.	1136,428.	112,8.	1198,019.
105,1.	1077,467.	109,0.	1137,993.	112,9.	1199,612.
105,2.	1079,005.	109,1.	1139,560.	113,0.	1201,206.
105,3.	1080,544.	109,2.	1141,127.	113,1.	1202,801.
105,4.	1082,084.	109,3.	1142,695.	113,2.	1204,397.
105,5.	1083,624.	109,4.	1144,263.	113,3.	1205,993.
105,6.	1085,165.	109,5.	1145,832.	113,4.	1207,590.
105,7.	1086,707.	109,6.	1147,402.	113,5.	1209,188.
105,8.	1088,250.	109,7.	1148,973.	113,6.	1210,786.
105,9.	1089,793.	109,8.	1150,545.	113,7.	1212,385.
106,0.	1091,337.	109,9.	1152,117.	113,8.	1213,985.
106,1.	1092,882.	110,0.	1153,690.	113,9.	1215,586.
106,2.	1094,427.	110,1.	1155,263.	114,0.	1217,187.
106,3.	1095,973.	110,2.	1156,838.	114,1.	1218,789.
106,4.	1097,520.	110,3.	1158,413.	114,2.	1220,391.
106,5.	1099,068.	110,4.	1159,988.	114,3.	1221,995.
106,6.	1100,616.	110,5.	1161,565.	114,4.	1223,599.
106,7.	1102,165.	110,6.	1163,142.	114,5.	1225,203.
106,8.	1103,715.	110,7.	1164,720.	114,6.	1226,809.
106,9.	1105,265.	110,8.	1166,298.	114,7.	1228,415.
107,0.	1106,817.	110,9.	1167,878.	114,8.	1230,022.
107,1.	1108,369.	111,0.	1169,458.	114,9.	1231,629.
107,2.	1109,921.	111,1.	1171,038.	115,0.	1233,237.
107,3.	1111,475.	111,2.	1172,620.	115,1.	1234,846.
107,4.	1113,029.	111,3.	1174,202.	115,2.	1236,456.
107,5.	1114,584.	111,4.	1175,785.	115,3.	1238,066.
107,6.	1116,139.	111,5.	1177,368.	115,4.	1239,677.
107,7.	1117,696.	111,6.	1178,952.	115,5.	1241,289.

x	$x^{\frac{3}{2}}$	x	$x^{\frac{3}{2}}$	x	$x^{\frac{3}{2}}$
115,6.	1242,901.	119,5.	1306,327.	123,4.	1370,796.
115,7.	1244,514.	119,6.	1307,967.	123,5.	1372,462.
115,8.	1246,128.	119,7.	1309,608.	123,6.	1374,130.
115,9.	1247,743.	119,8.	1311,249.	123,7.	1375,798.
116,0.	1249,358.	119,9.	1312,891.	123,8.	1377,466.
116,1.	1250,974.	120,0.	1314,534.	123,9.	1379,136.
116,2.	1252,590.	120,1.	1316,178.	124,0.	1380,806.
116,3.	1254,208.	120,2.	1317,822.	124,1.	1382,476.
116,4.	1255,826.	120,3.	1319,467.	124,2.	1384,148.
116,5.	1257,444.	120,4.	1321,112.	124,3.	1385,820.
116,6.	1259,064.	120,5.	1322,759.	124,4.	1387,492.
116,7.	1260,684.	120,6.	1324,406.	124,5.	1389,166.
116,8.	1262,305.	120,7.	1326,053.	124,6.	1390,840.
116,9.	1263,926.	120,8.	1327,701.	124,7.	1392,515.
117,0.	1265,548.	120,9.	1329,350.	124,8.	1394,190.
117,1.	1267,171.	121,0.	1331,000.	124,9.	1395,866.
117,2.	1268,795.	121,1.	1332,650.	125,0.	1397,543.
117,3.	1270,419.	121,2.	1334,301.	125,1.	1399,220.
117,4.	1272,044.	121,3.	1335,953.	125,2.	1400,898.
117,5.	1273,669.	121,4.	1337,606.	125,3.	1402,577.
117,6.	1275,296.	121,5.	1339,259.	125,4.	1404,256.
217,7.	1276,923.	121,6.	1340,912.	125,5.	1405,936.
117,8.	1278,550.	121,7.	1342,567.	125,6.	1407,617.
117,9.	1280,179.	121,8.	1344,222.	125,7.	1409,299.
118,0.	1281,808.	121,9.	1345,878.	125,8.	1410,981.
118,1.	1283,438.	122,0.	1347,534.	125,9.	1412,663.
118,2.	1285,068.	122,1.	1349,191.	126,0.	1414,347.
118,3.	1286,699.	122,2.	1350,849.	126,1.	1416,031.
118,4.	1288,331.	122,3.	1352,508.	126,2.	1417,716.
118,5.	1289,964.	122,4.	1354,167.	126,3.	1419,401.
118,6.	1291,597.	122,5.	1355,827.	126,4.	1421,087.
118,7.	1293,231.	122,6.	1357,487.	126,5.	1422,774.
118,8.	1294,865.	122,7.	1359,148.	126,6.	1424,461.
118,9.	1296,501.	122,8.	1360,810.	126,7.	1426,150.
119,0.	1298,137.	122,9.	1362,473.	126,8.	1427,838.
119,1.	1299,773.	123,0.	1364,136.	126,9.	1429,528.
119,2.	1301,411.	123,1.	1365,800.	127,0.	1431,218.
119,3.	1303,049.	123,2.	1367,465.	127,1.	1432,909.
119,4.	1304,687.	123,3.	1369,130.	127,2.	1434,600.

x	$x^{\frac{3}{2}}$	x	$x^{\frac{3}{2}}$	x	$x^{\frac{3}{2}}$
127,3.	1436,292.	131,2.	1502,799.	135,1.	1570,302.
127,4.	1437,985.	131,3.	1504,517.	135,2.	1572,046.
127,5.	1439,678.	131,4.	1506,236.	135,3.	1573,790.
127,6.	1441,372.	131,5.	1507,956.	135,4.	1575,535.
127,7.	1443,067.	131,6.	1509,676.	135,5.	1577,281.
127,8.	1444,762.	131,7.	1511,398.	135,6.	1579,027.
127,9.	1446,459.	131,8.	1513,119.	135,7.	1580,774.
128,0.	1448,155.	131,9.	1514,842.	135,8.	1582,522.
128,1.	1449,853.	132,0.	1516,565.	135,9.	1584,270.
128,2.	1451,551.	132,1.	1518,288.	136,0.	1586,019.
128,3.	1453,249.	132,2.	1520,013.	136,1.	1587,769.
128,4.	1454,949.	132,3.	1521,738.	136,2.	1589,519.
128,5.	1456,649.	132,4.	1523,463.	136,3.	1591,270.
128,6.	1458,350.	132,5.	1525,190.	136,4.	1593,022.
128,7.	1460,051.	132,6.	1526,917.	136,5.	1594,774.
128,8.	1461,753.	132,7.	1528,644.	136,6.	1596,527.
128,9.	1463,456.	132,8.	1530,373.	136,7.	1598,280.
129,0.	1465,159.	132,9.	1532,102.	136,8.	1600,034.
129,1.	1466,863.	133,0.	1533,831.	136,9.	1601,789.
129,2.	1468,568.	133,1.	1535,561.	137,0.	1603,544.
129,3.	1470,273.	133,2.	1537,292.	137,1.	1605,300.
129,4.	1471,979.	133,3.	1539,024.	137,2.	1607,057.
129,5.	1473,686.	133,4.	1540,756.	137,3.	1608,814.
129,6.	1475,393.	133,5.	1542,489.	137,4.	1610,572.
129,7.	1477,101.	133,6.	1544,222.	137,5.	1612,331.
129,8.	1478,809.	133,7.	1545,956.	137,6.	1614,090.
129,9.	1480,519.	133,8.	1547,691.	137,7.	1615,850.
130,0.	1482,228.	133,9.	1549,427.	137,8.	1617,611.
130,1.	1483,939.	134,0.	1551,163.	137,9.	1619,372.
130,2.	1485,650.	134,1.	1552,899.	138,0.	1621,133.
130,3.	1487,362.	134,2.	1554,637.	138,1.	1622,896.
130,4.	1489,075.	134,3.	1556,375.	138,2.	1624,659.
130,5.	1490,788.	134,4.	1558,113.	138,3.	1626,423.
130,6.	1492,501.	134,5.	1559,853.	138,4.	1628,187.
130,7.	1494,216.	134,6.	1561,593.	138,5.	1629,952.
130,8.	1495,931.	134,7.	1563,333.	138,6.	1631,718.
130,9.	1497,647.	134,8.	1565,074.	138,7.	1633,484.
131,0.	1499,364.	134,9.	1566,816.	138,8.	1635,251.
131,1.	1501,081.	135,0.	1568,559.	138,9.	1637,018.

x	$x^{\frac{3}{2}}$	x	$x^{\frac{3}{2}}$	x	$x^{\frac{3}{2}}$
139,0.	1638,786.	142,9.	1708,238.	146,8.	1778,645.
139,1.	1640,555.	143,0.	1710,032.	146,9.	1780,462.
139,2.	1642,324.	143,1.	1711,826.	147,0.	1782,281.
139,3.	1644,095.	143,2.	1713,620.	147,1.	1784,100.
139,4.	1645,865.	143,3.	1715,416.	147,2.	1785,919.
139,5.	1647,637.	143,4.	1717,212.	147,3.	1787,740.
139,6.	1649,409.	143,5.	1719,008.	147,4.	1789,560.
139,7.	1651,181.	143,6.	1720,805.	147,5.	1791,382.
139,8.	1652,954.	143,7.	1722,603.	147,6.	1793,204.
139,9.	1654,728.	143,8.	1724,402.	147,7.	1795,027.
140,0.	1656,503.	143,9.	1726,201.	147,8.	1796,850.
140,1.	1658,278.	144,0.	1728,000.	147,9.	1798,674.
140,2.	1660,054.	144,1.	1729,801.	148,0.	1800,498.
140,3.	1661,830.	144,2.	1731,602.	148,1.	1802,323.
140,4.	1663,607.	144,3.	1733,403.	148,2.	1804,149.
140,5.	1665,385.	144,4.	1735,205.	148,3.	1805,976.
140,6.	1667,163.	144,5.	1737,008.	148,4.	1807,803.
140,7.	1668,942.	144,6.	1738,812.	148,5.	1809,630.
140,8.	1670,721.	144,7.	1740,616.	148,6.	1811,458.
140,9.	1672,502.	144,8.	1742,420.	148,7.	1813,287.
141,0.	1674,282.	144,9.	1744,226.	148,8.	1815,117.
141,1.	1676,064.	145,0.	1746,032.	148,9.	1816,947.
141,2.	1677,846.	145,1.	1747,838.	149,0.	1818,777.
141,3.	1679,629.	145,2.	1749,645.	149,1.	1820,609.
141,4.	1681,412.	145,3.	1751,453.	149,2.	1822,441.
141,5.	1683,196.	145,4.	1753,262.	149,3.	1824,273.
141,6.	1684,981.	145,5.	1755,071.	149,4.	1826,106.
141,7.	1686,766.	145,6.	1756,880.	149,5.	1827,940.
141,8.	1688,552.	145,7.	1758,691.	149,6.	1829,774.
141,9.	1690,338.	145,8.	1760,501.	149,7.	1831,609.
142,0.	1692,126.	145,9.	1762,313.	149,8.	1833,445.
142,1.	1693,913.	146,0.	1764,125.	149,9.	1835,281.
142,2.	1695,702.	146,1.	1765,938.	150,0.	1837,117.
142,3.	1697,491.	146,2.	1767,751.	150,1.	1838,955.
142,4.	1699,280.	146,3.	1769,565.	150,2.	1840,793.
142,5.	1701,071.	146,4.	1771,380.	150,3.	1842,631.
142,6.	1702,862.	146,5.	1773,195.	150,4.	1844,471.
142,7.	1704,653.	146,6.	1775,011.	150,5.	1846,310.
142,8.	1706,445.	146,7.	1776,828.	150,6.	1848,151.

x	$x^{\frac{3}{2}}$	x	$x^{\frac{3}{2}}$	x	$x^{\frac{3}{2}}$
150,7.	1849,992.	154,6.	1922,269.	158,5.	1995,465.
150,8.	1851,834.	154,7.	1924,135.	158,6.	1997,353.
150,9.	1853,676.	154,8.	1926,001.	158,7.	1999,243.
151,0.	1855,519.	154,9.	1927,867.	158,8.	2001,132.
151,1.	1857,362.	155,0.	1929,735.	158,9.	2003,023.
151,2.	1859,207.	155,1.	1931,602.	159,0.	2004,914.
151,3.	1861,051.	155,2.	1933,471.	159,1.	2006,806.
151,4.	1862,897.	155,3.	1935,340.	159,2.	2008,698.
151,5.	1864,743.	155,4.	1937,209.	159,3.	2010,591.
151,6.	1866,589.	155,5.	1939,080.	159,4.	2012,484.
151,7.	1868,437.	155,6.	1940,950.	159,5.	2014,379.
151,8.	1870,284.	155,7.	1942,822.	159,6.	2016,273.
151,9.	1872,133.	155,8.	1944,694.	159,7.	2018,169.
152,0.	1873,982.	155,9.	1946,566.	159,8.	2020,064.
152,1.	1875,831.	156,0.	1948,440.	159,9.	2021,961.
152,2.	1877,682.	156,1.	1950,313.	160,0.	2023,857.
152,3.	1879,532.	156,2.	1952,188.	160,1.	2025,755.
152,4.	1881,384.	156,3.	1954,063.	160,2.	2027,653.
152,5.	1883,236.	156,4.	1955,938.	160,3.	2029,552.
152,6.	1885,089.	156,5.	1957,815.	160,4.	2031,452.
152,7.	1886,942.	156,6.	1959,691.	160,5.	2033,352.
152,8.	1888,796.	156,7.	1961,569.	160,6.	2035,252.
152,9.	1890,650.	156,8.	1963,447.	160,7.	2037,153.
153,0.	1892,505.	156,9.	1965,325.	160,8.	2039,055.
153,1.	1894,361.	157,0.	1967,205.	160,9.	2040,958.
153,2.	1896,217.	157,1.	1969,084.	161,0.	2042,861.
153,3.	1898,074.	157,2.	1970,965.	161,1.	2044,764.
153,4.	1899,932.	157,3.	1972,846.	161,2.	2046,668.
153,5.	1901,790.	157,4.	1974,727.	161,3.	2048,573.
153,6.	1903,649.	157,5.	1976,610.	161,4.	2050,479.
153,7.	1905,508.	157,6.	1978,492.	161,5.	2052,385.
153,8.	1907,368.	157,7.	1980,376.	161,6.	2054,291.
153,9.	1909,228.	157,8.	1982,260.	161,7.	2056,198.
154,0.	1911,090.	157,9.	1984,144.	161,8.	2058,106.
154,1.	1912,951.	158,0.	1986,030.	161,9.	2060,014.
154,2.	1914,814.	158,1.	1987,915.	162,0.	2061,923.
154,3.	1916,677.	158,2.	1989,802.	162,1.	2063,833.
154,4.	1918,540.	158,3.	1991,689.	162,2.	2065,743.
154,5.	1920,405.	158,4.	1993,576.	162,3.	2067,653.

162,4.

x	$x^{\frac{3}{2}}$	x	$x^{\frac{3}{2}}$	x	$x^{\frac{3}{2}}$
162,4.	2069,565.	166,3.	2144,561.	170,2.	2220,442.
162,5.	2071,476.	166,4.	2146,495.	170,3.	2222,399.
162,6.	2073,389.	166,5.	2148,431.	170,4.	2224,357.
162,7.	2075,302.	166,6.	2150,366.	170,5.	2226,315.
162,8.	2077,215.	166,7.	2152,303.	170,6.	2228,274.
162,9.	2079,130.	166,8.	2154,240.	170,7.	2230,234.
163,0.	2081,044.	166,9.	2156,177.	170,8.	2232,194.
163,1.	2082,960.	167,0.	2158,115.	170,9.	2234,154.
163,2.	2084,876.	167,1.	2160,054.	171,0.	2236,115.
163,3.	2086,792.	167,2.	2161,993.	171,1.	2238,077.
163,4.	2088,709.	167,3.	2163,933.	171,2.	2240,040.
163,5.	2090,627.	167,4.	2165,874.	171,3.	2242,003.
163,6.	2092,545.	167,5.	2167,815.	171,4.	2243,966.
163,7.	2094,464.	167,6.	2169,756.	171,5.	2245,930.
163,8.	2096,384.	167,7.	2171,699.	171,6.	2247,895.
163,9.	2098,304.	167,8.	2173,641.	171,7.	2249,860.
164,0.	2100,225.	167,9.	2175,585.	171,8.	2251,826.
164,1.	2102,146.	168,0.	2177,529.	171,9.	2253,792.
164,2.	2104,068.	168,1.	2179,473.	172,0.	2255,759.
164,3.	2105,990.	168,2.	2181,418.	172,1.	2257,727.
164,4.	2107,913.	168,3.	2183,364.	172,2.	2259,695.
164,5.	2109,837.	168,4.	2185,310.	172,3.	2261,663.
164,6.	2111,761.	168,5.	2187,257.	172,4.	2263,633.
164,7.	2113,685.	168,6.	2189,204.	172,5.	2265,602.
164,8.	2115,611.	168,7.	2191,152.	172,6.	2267,573.
164,9.	2117,537.	168,8.	2193,101.	172,7.	2269,544.
165,0.	2119,463.	168,9.	2195,050.	172,8.	2271,515.
165,1.	2121,390.	169,0.	2197,000.	172,9.	2273,487.
165,2.	2123,318.	169,1.	2198,950.	173,0.	2275,460.
165,3.	2125,246.	169,2.	2200,901.	173,1.	2277,433.
165,4.	2127,175.	169,3.	2202,852.	173,2.	2279,407.
165,5.	2129,104.	169,4.	2204,804.	173,3.	2281,381.
165,6.	2131,034.	169,5.	2206,757.	173,4.	2283,356.
165,7.	2132,965.	169,6.	2208,710.	173,5.	2285,332.
165,8.	2134,896.	169,7.	2210,664.	173,6.	2287,308.
165,9.	2136,828.	169,8.	2212,618.	173,7.	2289,285.
166,0.	2138,760.	169,9.	2214,573.	173,8.	2291,262.
166,1.	2140,693.	170,0.	2216,529.	173,9.	2293,240.
166,2.	2142,627.	170,1.	2218,485.	174,0.	2295,218.

x	$x^{\frac{3}{2}}$	x	$x^{\frac{3}{2}}$	x	$x^{\frac{3}{2}}$
174,1.	2297,197.	178,0.	2374,816.	181,9.	2453,291.
174,2.	2299,176.	178,1.	2376,818.	182,0.	2455,314.
174,3.	2301,156.	178,2.	2378,820.	182,1.	2457,338.
174,4.	2303,137.	178,3.	2380,823.	182,2.	2459,363.
174,5.	2305,118.	178,4.	2382,826.	182,3.	2461,388.
174,6.	2307,100.	178,5.	2384,830.	182,4.	2463,413.
174,7.	2309,082.	178,6.	2386,834.	182,5.	2465,439.
174,8.	2311,065.	178,7.	2388,839.	182,6.	2467,466.
174,9.	2313,049.	178,8.	2390,844.	182,7.	2469,493.
175,0.	2315,033.	178,9.	2392,850.	182,8.	2471,521.
175,1.	2317,017.	179,0.	2394,857.	182,9.	2473,549.
175,2.	2319,003.	179,1.	2396,864.	183,0.	2475,578.
175,3.	2320,988.	179,2.	2398,872.	183,1.	2477,608.
175,4.	2322,975.	179,3.	2400,880.	183,2.	2479,638.
175,5.	2324,961.	179,4.	2402,889.	183,3.	2481,668.
175,6.	2326,949.	179,5.	2404,898.	183,4.	2483,699.
175,7.	2328,937.	179,6.	2406,908.	183,5.	2485,731.
175,8.	2330,925.	179,7.	2408,918.	183,6.	2487,763.
175,9.	2332,915.	179,8.	2410,929.	183,7.	2489,796.
176,0.	2334,904.	179,9.	2412,941.	183,8.	2491,829.
176,1.	2336,895.	180,0.	2414,953.	183,9.	2493,863.
176,2.	2338,885.	180,1.	2416,966.	184,0.	2495,898.
176,3.	2340,877.	180,2.	2418,979.	184,1.	2497,933.
176,4.	2342,869.	180,3.	2420,993.	184,2.	2499,968.
176,5.	2344,861.	180,4.	2423,008.	184,3.	2502,004.
176,6.	2346,854.	180,5.	2425,023.	184,4.	2504,041.
176,7.	2348,848.	180,6.	2427,038.	184,5.	2506,078.
176,8.	2350,842.	180,7.	2429,054.	184,6.	2508,116.
176,9.	2352,837.	180,8.	2431,071.	184,7.	2510,154.
177,0.	2354,832.	180,9.	2433,088.	184,8.	2512,193.
177,1.	2356,828.	181,0.	2435,106.	184,9.	2514,232.
177,2.	2358,825.	181,1.	2437,124.	185,0.	2516,272.
177,3.	2360,822.	181,2.	2439,143.	185,1.	2518,313.
177,4.	2362,819.	181,3.	2441,163.	185,2.	2520,354.
177,5.	2364,817.	181,4.	2443,183.	185,3.	2522,395.
177,6.	2366,816.	181,5.	2445,203.	185,4.	2524,438.
177,7.	2368,815.	181,6.	2447,224.	185,5.	2526,480.
177,8.	2370,815.	181,7.	2449,246.	185,6.	2528,524.
177,9.	2372,815.	181,8.	2451,268.	185,7.	2530,567.

x	$x^{\frac{3}{2}}$	x	$x^{\frac{3}{2}}$	x	$x^{\frac{3}{2}}$
185,8.	2532,612.	189,7.	2612,770.	193,6.	2693,755.
185,9	2534,637.	189,8.	2614,836.	193,7.	2695,842.
186,0.	2536,702.	189,9.	2616,903.	193,8.	2697,930.
186,1.	2538,748.	190,0.	2618,969,	193,9.	2700,018.
186,2.	2540,795.	190,1.	2621,037.	194,0.	2702,107.
186,3.	2542,842.	190,2.	2623,105.	194,1.	2704,197.
186,4.	2544,890.	190,3.	2625,174.	194,2.	2706,287.
186,5.	2546,938.	190,4.	2627,244.	194,3.	2708,378.
186,6.	2548,987.	190,5.	2629,314.	194,4.	2710,469.
186,7.	2551,036.	190,6.	2631,385.	194,5.	2712,560.
186,8.	2553,086.	190,7.	2633,456.	194,6.	2714,653.
186,9.	2555,136.	190,8.	2635,527.	194,7.	2716,745.
187,0.	2557,187.	190,9.	2637,600.	194,8.	2718,839.
187,1.	2559,239.	191,0.	2639,672.	194,9.	2720,933.
187,2.	2561,291.	191,1.	2641,746.	195,0.	2723,027.
187,3.	2563,343.	191,2.	2643,820.	195,1.	2725,122.
187,4.	2565,396.	191,3.	2645,894.	195,2.	2727,217.
187,5.	2567,450.	191,4.	2647,969.	195,3.	2729,313.
187,6.	2569,504.	191,5.	2650,044.	195,4.	2731,410.
187,7.	2571,559.	191,6.	2652,120.	195,5.	2733,507.
187,8.	2573,614.	191,7.	2654,197.	195,6.	2735,604.
187,9.	2575,670.	191,8.	2656,274.	195,7.	2737,703.
188,0.	2577,727.	191,9.	2658,352.	195,8.	2739,801.
188,1.	2579,784.	192,0.	2660,430.	195,9.	2741,900.
188,2.	2581,841.	192,1.	2662,509.	196,0.	2744,000.
188,3.	2583,899.	192,2.	2664,588.	196,1.	2746,100.
188,4.	2585,958.	192,3.	2666,668.	196,2.	2748,201.
188,5.	2588,017.	192,4.	2668,748.	196,3.	2750,303.
188,6.	2590,077.	192,5.	2670,829.	196,4.	2752,404.
188,7.	2592,137.	192,6.	2672,911.	196,5.	2754,507.
188,8.	2594,198.	192,7.	2674,993.	196,6.	2756,610.
188,9.	2596,259.	192,8.	2677,075.	196,7.	2758,713.
189,0.	2598,321.	192,9.	2679,158.	196,8.	2760,817.
189,1.	2600,383.	193,0.	2681,242.	196,9.	2762,922.
189,2.	2602,446.	193,1.	2683,326.	197,0.	2765,027.
189,3.	2604,510.	193,2.	2685,411.	197,1.	2767,133.
189,4.	2606,574.	193,3.	2687,496.	197,2.	2769,239.
189,5.	2608,639.	193,4.	2689,582.	197,3.	2771,345.
189,6.	2610,704.	193,5.	2691,668.	197,4.	2773,453.

x	$x^{\frac{3}{2}}$	x	$x^{\frac{3}{2}}$	x.	$x^{\frac{3}{2}}$
197,5.	2775,560.	201,4.	2858,178.	205,3.	2941,599.
197,6.	2777,669.	201,5.	2860,307.	205,4.	2943,748.
197,7.	2779,778.	201,6.	2862,436.	205,5.	2945,898.
197,8.	2781,887.	201,7.	2864,566.	205,6.	2948,049.
197,9.	2783,997.	201,8.	2866,697.	205,7.	2950,200.
198,0.	2786,107.	201,9.	2868,828.	205,8.	2952,352.
198,1.	2788,218.	202,0.	2870,959.	205,9.	2954,504.
198,2.	2790,330.	202,1.	2873,092.	206,0.	2956,656.
198,3.	2792,442.	202,2.	2875,224.	206,1.	2958,809.
198,4.	2794,554.	202,3.	2877,358.	206,2.	2960,963.
198,5.	2796,668.	202,4.	2879,491.	206,3.	2963,117.
198,6.	2798,781.	202,5.	2881,626.	206,4.	2965,272.
198,7.	2800,895.	202,6.	2883,760.	206,5.	2967,427.
198,8.	2803,010.	202,7.	2885,896.	206,6.	2969,583.
198,9.	2805,125.	202,8.	2888,032.	206,7.	2971,739.
199,0.	2807,241.	202,9.	2890,168.	206,8.	2973,896.
199,1.	2809,357.	203,0.	2892,305.	206,9.	2976,054.
199,2.	2811,474.	203,1.	2894,442.	207,0.	2978,211.
199,3.	2813,591.	203,2.	2896,580.	207,1.	2980,370.
199,4.	2815,709.	203,3.	2898,719.	207,2.	2982,529.
199,5.	2817,827.	203,4.	2900,858.	207,3.	2984,688.
199,6.	2819,946.	203,5.	2902,997.	207,4.	2986,848.
199,7.	2822,066.	203,6.	2905,137.	207,5.	2989,009.
199,8.	2824,186.	203,7.	2907,278.	207,6.	2991,170.
199,9.	2826,306.	203,8.	2909,419.	207,7.	2993,331.
200,0.	2828,427.	203,9.	2911,561.	207,8.	2995,493.
200,1.	2830,549.	204,0.	2913,703.	207,9.	2997,656.
200,2.	2832,671.	204,1.	2915,846.	208,0.	2999,819.
200,3.	2834,793.	204,2.	2917,989.	208,1.	3001,982.
200,4.	2836,917.	204,3.	2920,132.	208,2.	3004,146.
200,5.	2839,040.	204,4.	2922,277.	208,3.	3006,311.
200,6.	2841,165.	204,5.	2924,422.	208,4.	3008,476.
200,7.	2843,289.	204,6.	2926,567.	208,5.	3010,642.
200,8.	2845,415.	204,7.	2928,713.	208,6.	3012,808.
200,9.	2847,540.	204,8.	2930,859.	208,7.	3014,975.
201,0.	2849,667.	204,9.	2933,006.	208,8.	3017,142.
201,1.	2851,794.	205,0.	2935,153.	208,9.	3019,310.
201,2.	2853,921.	205,1.	2937,301.	209,0.	3021,478.
201,3.	2856,049.	205,2.	2939,450.	209,1.	3023,647.

N	$N^{\frac{3}{2}}$	N	$N^{\frac{3}{2}}$	N	$N^{\frac{3}{2}}$
209,2.	3025,816.	213,1.	3110,822.	217,0.	3196,610.
209,3.	3027,986.	213,2.	3113,012.	217,1.	3198,820.
209,4.	3030,156.	213,3.	3115,203.	217,2.	3201,030.
209,5.	3032,327.	213,4.	3117,394.	217,3.	3203,241.
209,6.	3034,499.	213,5.	3119,585.	217,4.	3205,452.
209,7.	3036,670.	213,6.	3121,777.	217,5.	3207,664.
209,8.	3038,843.	213,7.	3123,970.	217,6.	3209,877.
209,9.	3041,016.	213,8.	3126,163.	217,7.	3212,090.
210,0.	3043,189.	213,9.	3128,356.	217,8.	3214,303.
210,1.	3045,363.	214,0.	3130,550.	217,9.	3216,517.
210,2.	3047,538.	214,1.	3132,745.	218,0.	3218,732.
210,3.	3049,713.	214,2.	3134,940.	218,1.	3220,947.
210,4.	3051,888.	214,3.	3137,135.	218,2.	3223,162.
210,5.	3054,064.	214,4.	3139,332.	218,3.	3225,378.
210,6.	3056,241.	214,5.	3141,528.	218,4.	3227,595.
210,7.	3058,418.	214,6.	3143,725.	218,5.	3229,812.
210,8.	3060,595.	214,7.	3145,923.	218,6.	3232,029.
210,9.	3062,774.	214,8.	3148,121.	218,7.	3234,247.
211,0.	3064,952.	214,9.	3150,320.	218,8.	3236,466.
211,1.	3067,131.	215,0.	3152,519.	218,9.	3238,685.
211,2.	3069,311.	215,1.	3154,719.	219,0.	3240,904.
211,3.	3071,491.	215,2.	3156,919.	219,1.	3243,124.
211,4.	3073,672.	215,3.	3159,120.	219,2.	3245,345.
211,5.	3075,853.	215,4.	3161,321.	219,3.	3247,566.
211,6.	3078,035.	215,5.	3163,522.	219,4.	3249,787.
211,7.	3080,217.	215,6.	3165,725.	219,5.	3252,010.
211,8.	3082,400.	215,7.	3167,927.	219,6.	3254,232.
211,9.	3084,583.	215,8.	3170,131.	219,7.	3256,455.
212,0.	3086,767.	215,9.	3172,335.	219,8.	3258,679.
212,1.	3088,951.	216,0.	3174,539.	219,9.	3260,903.
212,2.	3091,136.	216,1.	3176,744.	220,0.	3263,127.
212,3.	3093,321.	216,2.	3178,949.	220,1.	3265,352.
212,4.	3095,507.	216,3.	3181,155.	220,2.	3267,578.
212,5.	3097,693.	216,4.	3183,361.	220,3.	3269,804.
212,6.	3099,880.	216,5.	3185,568.	220,4.	3272,031.
212,7.	3102,068.	216,6.	3187,775.	220,5.	3274,258.
212,8.	3104,255.	216,7.	3189,983.	220,6.	3276,485.
212,9.	3106,444.	216,8.	3192,191.	220,7.	3278,714.
213,0.	3108,633.	216,9.	3194,400.	220,8.	3280,942.

x	$x^{\frac{3}{2}}$	x	$x^{\frac{3}{2}}$	x	$x^{\frac{3}{2}}$
220,9.	3283,171.	224,8.	3370,501.	228,7.	3458,591.
221,0.	2285,401.	224,9.	3372,750.	228,8.	3460,860.
221,1.	3287,631.	225,0.	3375,000.	228,9.	3463,129.
221,2.	3289,862.	225,1.	3377,250.	229,0.	3465,399.
221,3.	3292,093.	225,2.	3379,501.	229,1.	3467,669.
221,4.	3294,325.	225,3.	3381,752.	229,2.	3469,940.
221,5.	3296,557.	225,4.	3384,004.	229,3.	3472,211.
221,6.	3298,790.	225,5.	3386,256.	229,4.	3474,483.
221,7.	3301,023.	225,6.	3388,509.	229,5.	3476,755.
221,8.	3303,257.	225,7.	3390,762.	229,6.	3479,027.
221,9.	3305,491.	225,8.	3393,016.	229,7.	3481,301.
222,0.	3307,726.	225,9.	3395,270.	229,8.	3483,574.
222,1.	3309,961.	226,0.	3397,525.	229,9.	3485,848.
222,2.	3312,196.	226,1.	3399,781.	230,0.	3488,123.
222,3.	3314,433.	226,2.	3402,036.	230,1.	3490,398.
222,4.	3316,669.	226,3.	3404,292.	230,2.	3492,674.
222,5.	3318,907.	226,4.	3406,549.	230,3.	3494,950.
222,6.	3321,144.	226,5.	3408,806.	230,4.	3497,227.
222,7.	3323,382.	226,6.	3411,064.	230,5.	3499,504.
222,8.	3325,621.	226,7.	3413,322.	230,6.	3501,781.
222,9.	3327,860.	226,8.	3415,581.	230,7.	3504,059.
223,0.	3330,100.	226,9.	3417,840.	230,8.	3506,338.
223,1.	3332,340.	227,0.	3420,100.	230,9.	3508,617.
223,2.	3334,581.	227,1.	3422,360.	231,0.	3510,897.
223,3.	3336,822.	227,2.	3424,621.	231,1.	3513,177.
223,4.	3339,064.	227,3.	3426,882.	231,2.	3515,457.
223,5.	3341,306.	227,4.	2429,144.	231,3.	3517,738.
223,6.	3343,549.	227,5.	3431,406.	231,4.	3520,020.
223,7.	3345,792.	227,6.	3433,669.	231,5.	3522,302.
223,8.	3348,036.	227,7.	3435,932.	231,6.	3524,584.
223,9.	3350,280.	227,8.	3438,195.	231,7.	3526,867.
224,0.	3352,525.	227,9.	3440,460.	231,8.	3529,151.
224,1.	3354,770.	228,0.	3442,724.	231,9.	3531,435.
224,2.	3357,015.	228,1.	3444,990.	232,0.	3533,719.
224,3.	3359,262.	228,2.	3447,255.	232,1.	3536,004.
224,4.	3361,509.	228,3.	3449,521.	232,2.	3538,290.
224,5.	3363,756.	228,4.	3451,788.	232,3.	3540,576.
224,6.	3366,004.	228,5.	3454,055.	232,4.	3542,862.
224,7.	3368,252.	228,6.	3456,323.	232,5.	3545,149.

N.	$N^{\frac{3}{2}}$	N.	$N^{\frac{3}{2}}$	N	$N^{\frac{3}{2}}$
232,6.	3547,437.	236,5.	3637,029.	240,4.	3727,363.
232,7.	3549,724.	236,6.	3639,336.	240,5.	3729,689.
232,8.	3552,013.	236,7.	3641,644.	240,6.	3732,016.
232,9.	3554,302.	236,8.	3643,952.	240,7.	3734,342.
233,0.	3556,591.	236,9.	3646,260.	240,8.	3736,670.
233,1.	3558,881.	237,0.	3648,569.	240,9.	3738,998.
233,2.	3561,171.	237,1.	3650,879.	241,0.	3741,326.
233,3.	3563,462.	237,2.	3653,188.	241,1.	3743,655.
233,4.	3565,754.	237,3.	3655,499.	241,2.	3745,984.
233,5.	3568,046.	237,4.	3657,810.	241,3.	3748,314.
233,6.	3570,338.	237,5.	3660,121.	241,4.	3750,645.
233,7.	3572,631.	237,6.	3662,433.	241,5.	3752,975.
233,8.	3574,924.	237,7.	3664,745.	241,6.	3755,307.
233,9.	3577,218.	237,8.	3667,058.	241,7.	3757,638.
234,0.	3579,512.	237,9.	3669,372.	241,8.	3759,971.
234,1.	3581,807.	238,0.	3671,685.	241,9.	3762,303.
234,2.	3584,102.	238,1.	3674,000.	242,0.	3764,637.
234,3.	3586,398.	238,2.	3676,315.	242,1.	3766,970.
234,4.	3588,694.	238,3.	3678,630.	242,2.	3769,304.
234,5.	3590,991.	238,4.	3680,946.	242,3.	3771,639.
234,6.	3593,288.	238,5.	3683,262.	242,4.	3773,974.
234,7.	3595,586.	238,6.	3685,579.	242,5.	3776,310.
234,8.	3597,884.	238,7.	3687,896.	242,6.	3778,646.
234,9.	3600,183.	238,8.	3690,214.	242,7.	3780,983.
235,0.	3602,482.	238,9.	3692,532.	242,8.	3783,320.
235,1.	3604,782.	239,0.	3694,850.	242,9.	3785,657.
235,2.	3607,082.	239,1.	3697,170.	243,0.	3787,995.
235,3.	3609,383.	239,2.	3699,489.	243,1.	3790,334.
235,4.	3611,684.	239,3.	3701,809.	243,2.	3792,673.
235,5.	3613,986.	239,4.	3704,130.	243,3.	3795,012.
235,6.	3616,288.	239,5.	3706,451.	243,4.	3797,352.
235,7.	3618,590.	239,6.	3708,773.	243,5.	3799,693.
235,8.	3620,894.	239,7.	3711,095.	243,6.	3802,033.
235,9.	3623,197.	239,8.	3713,417.	243,7.	3804,375.
236,0.	3625,501.	239,9.	3715,740.	243,8.	3806,717.
236,1.	3627,806.	240,0.	3718,064.	243,9.	3809,059.
236,2.	3630,111.	240,1.	3720,388.	244,0.	3811,402.
236,3.	3632,417.	240,2.	3722,713.	244,1.	3813,745.
236,4.	3634,723.	240,3.	3725,038.	244,2.	3816,089.

x	$x^{\frac{3}{2}}$	x	$x^{\frac{3}{2}}$	x	$x^{\frac{3}{2}}$
244,3.	3818,433.	248,2.	3910,233.	252,1.	4002,757.
244,4.	3820,778.	248,3.	3912,597.	252,2.	4005,139.
244,5.	3823,123.	248,4.	3914,961.	252,3.	4007,522.
244,6.	3825,469.	248,5.	3917,325.	252,4.	4009,905.
244,7.	3827,815.	248,6.	3919,690.	252,5.	4012,288.
244,8.	3830,162.	248,7.	3922,055.	252,6.	4014,672.
244,9.	3832,509.	248,8.	3924,421.	252,7.	4017,056.
245,0.	3834,857.	248,9.	3926,787.	252,8.	4019,441.
245,1.	3837,205.	249,0.	3929,154.	252,9.	4021,826.
245,2.	3839,553.	249,1.	3931,521.	253,0.	4024,211.
245,3.	3841,903.	249,2.	3933,889.	253,1.	4026,598.
245,4.	3844,252.	249,3.	3936,257.	253,2.	4028,984.
245,5.	3846,602.	249,4.	3938,625.	253,3.	4031,371.
245,6.	3848,953.	249,5.	3940,995.	253,4.	4033,759.
245,7.	3851,304.	249,6.	3943,364.	253,5.	4036,147.
245,8.	3853,655.	249,7.	3945,734.	253,6.	4038,535.
245,9.	3856,007.	249,8.	3948,105.	253,7.	4040,924.
246,0.	3858,359.	249,9.	3950,476.	253,8.	4043,314.
246,1.	3860,712.	250,0.	3952,847.	253,9.	4045,704.
246,2.	3863,066.	250,1.	3955,219.	254,0.	4048,094.
246,3.	3865,420.	250,2.	3957,592.	254,1.	4050,485.
246,4.	3867,774.	250,3.	3959,964.	254,2.	4052,876.
246,5.	3870,129.	250,4.	3962,338.	254,3.	4055,268.
246,6.	3872,484.	250,5.	3964,712.	254,4.	4057,660.
246,7.	3874,840.	250,6.	3967,086.	254,5.	4060,053.
246,8.	3877,196.	250,7.	3969,461.	254,6.	4062,446.
246,9.	3879,553.	250,8.	3971,836.	254,7.	4064,840.
247,0.	3881,910.	250,9.	3974,212.	254,8.	4067,234.
247,1.	3884,268.	251,0.	3976,588.	254,9.	4069,628.
247,2.	3886,626.	251,1.	3978,965.	255,0.	4072,023.
247,3.	3888,984.	251,2.	3981,342.	255,1.	4074,419.
247,4.	3891,343.	251,3.	3983,719.	255,2.	4076,815.
247,5.	3893,703.	251,4.	3986,098.	255,3.	4079,211.
247,6.	3896,063.	251,5.	3988,476.	255,4.	4081,608.
247,7.	3898,424.	251,6.	3990,855.	255,5.	4084,006.
247,8.	3900,785.	251,7.	3993,235.	255,6.	4086,404.
247,9.	3903,146.	251,8.	3995,615.	255,7.	4088,802.
248,0.	3905,508.	251,9.	3997,995.	255,8.	4091,201.
248,1.	3907,871.	252,0.	4000,376.	255,9.	4093,600.

x	$x^{\frac{3}{2}}$	x	$x^{\frac{3}{2}}$	x	$x^{\frac{3}{2}}$
256,0.	4096,000.	259,9.	4189,955.	263,8.	4284,618.
256,1.	4098,400.	260,0.	4192,373.	263,9.	4287,055.
256,2.	4100,801.	260,1.	4194,792.	264,0.	4289,492.
256,3.	4103,202.	260,2.	4197,212.	264,1.	4291,929.
256,4.	4105,604.	260,3.	4199,632.	264,2.	4294,367.
256,5.	4108,006.	260,4.	4202,052.	264,3.	4296,805.
256,6.	4110,408.	260,5.	4204,473.	264,4.	4299,244.
256,7.	4112,811.	260,6.	4206,894.	264,5.	4301,684.
256,8.	4115,215.	260,7.	4209,316.	264,6.	4304,123.
256,9.	4117,619.	260,8.	4211,738.	264,7.	4306,564.
257,0.	4120,023.	260,9.	4214,160.	264,8.	4309,004.
257,1.	4122,428.	261,0.	4216,583.	264,9.	4311,445.
257,2.	4124,833.	261,1.	4219,007.	265,0.	4313,887.
257,3.	4127,239.	261,2.	4221,431.	265,1.	4316,329.
257,4.	4129,646.	261,3.	4223,856.	265,2.	4318,772.
257,5.	4132,052.	261,4.	4226,281.	265,3.	4321,215.
257,6.	4134,460.	261,5.	4228,706.	265,4.	4323,658.
257,7.	4136,867.	261,6.	4231,132.	265,5.	4326,102.
257,8.	4139,275.	261,7.	4233,558.	265,6.	4328,546.
257,9.	4141,684.	261,8.	4235,985.	265,7.	4330,991.
258,0.	4144,093.	261,9.	4238,412.	265,8.	4333,436.
258,1.	4146,503.	262,0.	4240,840.	265,9.	4335,882.
258,2.	4148,913.	262,1.	4243,268.	266,0.	4338,328.
258,3.	4151,323.	262,2.	4245,697.	266,1.	4340,775.
258,4.	4153,734.	262,3.	4248,126.	266,2.	4343,222.
258,5.	4156,146.	262,4.	4250,556.	266,3.	4345,670.
258,6.	4158,558.	262,5.	4252,986.	266,4.	4348,118.
258,7.	4160,970.	262,6.	4255,416.	266,5.	4350,566.
258,8.	4163,383.	262,7.	4257,847.	266,6.	4353,015.
258,9.	4165,796.	262,8.	4260,278.	266,7.	4355,465.
259,0.	4168,210.	262,9.	4262,710.	266,8.	4357,914.
259,1.	4170,624.	263,0.	4265,143.	266,9.	4360,365.
259,2.	4173,039.	263,1.	4267,576.	267,0.	4362,816.
259,3.	4175,454.	263,2.	4270,009.	267,1.	4365,267.
259,4.	4177,870.	263,3.	4272,443.	267,2.	4367,718.
259,5.	4180,286.	263,4.	4274,877.	267,3.	4370,171.
259,6.	4182,702.	263,5.	4277,311.	267,4.	4372,623.
259,7.	4185,119.	263,6.	4279,747.	267,5.	4375,076.
259,8.	4187,537.	263,7.	4282,182.	267,6.	4377,530.

x	$x^{\frac{3}{2}}$	x	$x^{\frac{3}{2}}$	x	$x^{\frac{3}{2}}$
267,7.	4379,984.	271,6.	4476,046.	275,5.	4572,802.
267,8.	4382,438.	271,7.	4478,519.	275,6.	4575,292.
267,9.	4384,893.	271,8.	4480,991.	275,7.	4577,782.
268,0.	4387,349.	271,9.	4483,465.	275,8.	4580,273.
268,1.	4389,804.	272,0.	4485,938.	275,9.	4582,764.
268,2.	4392,261.	272,1.	4488,412.	276,0.	4585,256.
268,3.	4394,717.	272,2.	4490,887.	276,1.	4587,748.
268,4.	4397,175.	272,3.	4493,362.	276,2.	4590,241.
268,5.	4399,632.	272,4.	4495,837.	276,3.	4592,734.
268,6.	4402,090.	272,5.	4498,313.	276,4.	4595,228.
268,7.	4404,549.	272,6.	4500,790.	276,5.	4597,722.
268,8.	4407,008.	272,7.	4503,266.	276,6.	4600,216.
268,9.	4409,468.	272,8.	4505,744.	276,7.	4602,711.
269,0.	4411,927.	272,9.	4508,221.	276,8.	4605,206.
269,1.	4414,388.	273,0.	4510,700.	276,9.	4607,702.
269,2.	4416,849.	273,1.	4513,178.	277,0.	4610,198.
269,3.	4419,310.	273,2.	4515,657.	277,1.	4612,695.
269,4.	4421,772.	273,3.	4518,137.	277,2.	4615,192.
269,5.	4424,234.	273,4.	4520,617.	277,3.	4617,690.
269,6.	4426,697.	273,5.	4523,097.	277,4.	4620,188.
269,7.	4429,160.	273,6.	4525,578.	277,5.	4622,687.
269,8.	4431,623.	273,7.	4528,060.	277,6.	4625,186.
269,9.	4434,088.	273,8.	4530,541.	277,7.	4627,685.
270,0.	4436,552.	273,9.	4533,024.	277,8.	4630,185.
270,1.	4439,017.	274,0.	4535,506.	277,9.	4632,685.
270,2.	4441,482.	274,1.	4537,990.	278,0.	4635,186.
270,3.	4443,948.	274,2.	4540,473.	278,1.	4637,687.
270,4.	4446,415.	274,3.	4542,957.	278,2.	4640,189.
270,5.	4448,881.	274,4.	4545,442.	278,3.	4642,691.
270,6.	4451,349.	274,5.	4547,927.	278,4.	4645,194.
270,7.	4453,816.	274,6.	4552,412.	278,5.	4647,697.
270,8.	4456,285.	274,7.	4554,898.	278,6.	4650,200.
270,9.	4458,753.	274,8.	4557,384.	278,7.	4652,704.
271,0.	4461,222.	274,9.	4559,871.	278,8.	4655,208.
271,1.	4463,692.	275,0.	4560,358.	278,9.	4657,713.
271,2.	4466,162.	275,1.	4562,846.	279,0.	4660,218.
271,3.	4468,632.	275,2.	4565,334.	279,1.	4662,724.
271,4.	4471,103.	275,3.	4567,823.	279,2.	4665,230.
271,5.	4473,575.	275,4.	4570,312.	279,3.	4667,737.

x	$x^{\frac{3}{2}}$	x	$x^{\frac{3}{2}}$	x	$x^{\frac{3}{2}}$
279,4.	4670,244.	283,3.	4768,369.	287,2.	4867,171.
279,5.	4672,752.	283,4.	4770,894.	287,3.	4869,713.
279,6.	4675,260.	283,5.	4773,419.	287,4.	4872,256.
279,7.	4677,768.	283,6.	4775,945.	287,5.	4874,799.
279,8.	4680,277.	283,7.	4778,471.	287,6.	4877,343.
279,9.	4682,786.	283,8.	4780,998.	287,7.	4879,887.
280,0.	4685,296.	283,9.	4783,525.	287,8.	4882,431.
380,1.	4687,806.	284,0.	4786,053.	287,9.	4884,976.
280,2.	4690,317.	284,1.	4788,581.	288,0.	4887,522.
280,3.	4692,828.	284,2.	4791,109.	288,1.	4890,067.
280,4.	4695,339.	284,3.	4793,638.	288,2.	4892,614.
280,5.	4697,851.	284,4.	4796,168.	288,3.	4895,160.
280,6.	4700,364.	284,5.	4798,697.	288,4.	4897,707.
280,7.	4702,876.	284,6.	4801,228.	288,5.	4900,255.
280,8.	4705,390.	284,7.	4803,758.	288,6.	4902,803.
280,9.	4707,904.	284,8.	4806,290.	288,7.	4905,351.
281,0.	4710,418.	284,9.	4808,821.	288,8.	4907,900.
281,1.	4712,932.	285,0.	4811,353.	288,9.	4910,450.
281,2.	4715,448.	285,1.	4813,886.	289,0.	4912,999.
281,3.	4717,963.	285,2.	4816,419.	289,1.	4915,540.
281,4.	4720,479.	285,3.	4818,952.	289,2.	4918,100.
281,5.	4722,996.	285,4.	4821,486.	289,3.	4920,651.
281,6.	4725,513.	285,5.	4824,020.	289,4.	4923,203.
281,7.	4728,030.	285,6.	4826,555.	289,5.	4925,755.
281,8.	4730,548.	285,7.	4829,090.	289,6.	4928,307.
281,9.	4733,066.	285,8.	4831,626.	289,7.	4930,860.
282,0.	4735,585.	285,9.	4834,162.	289,8.	4933,414.
282,1.	4738,104.	286,0.	4836,698.	289,9.	4935,967.
282,2.	4740,624.	286,1.	4839,235.	290,0.	4938,521.
282,3.	4743,144.	286,2.	4841,773.	290,1.	4941,076.
282,4.	4745,664.	286,3.	4844,311.	290,2.	4943,631.
282,5.	4748,185.	286,4.	4846,849.	290,3.	4946,186.
282,6.	4750,706.	286,5.	4849,388.	290,4.	4948,742.
282,7.	4753,228.	286,6.	4851,927.	290,5.	4951,299.
282,8.	4755,750.	286,7.	4854,466.	290,6.	4953,855.
282,9.	4758,273.	286,8.	4857,006.	290,7.	4956,413.
283,0.	4760,796.	286,9.	4859,547.	290,8.	4958,970.
283,1.	4763,320.	287,0.	4862,088.	290,9.	4961,528.
283,2.	4765,844.	287,1.	4864,629.	291,0.	4964,087.

x	$x^{\frac{3}{2}}$	x	$x^{\frac{3}{2}}$	x	$x^{\frac{3}{2}}$
291,1.	4966,646.	294,1.	5043,621.	297,1.	5120,990.
291,2.	4969,206.	294,2.	5046,194.	297,2.	5123,575.
291,3.	4971,765.	294,3.	5048,767.	297,3.	5126,162.
291,4.	4974,326.	294,4.	5051,340.	297,4.	5128,748.
291,5.	4976,887.	294,5.	5053,914.	297,5.	5131,335.
291,6.	4979,448.	294,6.	5056,489.	297,6.	5133,923.
291,7.	4982,009.	294,7.	5059,063.	297,7.	5136,511.
291,8.	4984,572.	294,8.	5061,639.	297,8.	5139,099.
291,9.	4987,134.	294,9.	5064,214.	297,9.	5141,688.
292,0.	4989,697.	295,0.	5066,790.	298,0.	5144,277.
292,1.	4992,260.	295,1.	5069,367.	298,1.	5146,867.
292,2.	4994,824.	295,2.	5071,944.	298,2.	5149,457.
292,3.	4997,389.	295,3.	5074,521.	298,3.	5152,047.
292,4.	4999,953.	295,4.	5077,099.	298,4.	5154,638.
292,5.	5002,519.	295,5.	5079,678.	298,5.	5157,229.
292,6.	5005,084.	295,6.	5082,256.	298,6.	5159,821.
292,7.	5007,650.	295,7.	5084,835.	298,7.	5162,413.
292,8.	5010,217.	295,8.	5087,415.	298,8.	5165,006.
292,9.	5012,784.	295,9.	5089,995.	298,9.	5167,599.
293,0.	5015,351.	296,0.	5092,576.	299,0.	5170,193.
293,1.	5017,919.	296,1.	5095,157.	299,1.	5172,787.
293,2.	5020,487.	296,2.	5097,738.	299,2.	5175,381.
293,3.	5023,056.	296,3.	5100,320.	299,3.	5177,976.
293,4.	5025,625.	296,4.	5102,902.	299,4.	5180,571.
293,5.	5028,194.	296,5.	5105,485.	299,5.	5183,167.
293,6.	5030,764.	296,6.	5108,068.	299,6.	5185,763.
293,7.	5033,335.	296,7.	5110,651.	299,7.	5188,360.
293,8.	5035,906.	296,8.	5113,235.	299,8.	5190,957.
293,9.	5038,477.	296,9.	5115,820.	299,9.	5193,554.
294,0.	5041,049.	297,0.	5118,404.	300,0.	5196,152.

Observations sur cette deuxième Table.

Les nombres pour lesquels on fera le plus fréquent usage de la deuxième table, exprimeront des hauteurs en mètres et millimètres: il sera bien rare qu'on ait une charge d'eau de plus de trois mètres; ainsi, dans tous les cas ordinaires, l'étendue de cette table suffira. Mais pour n'être point embarrassé relativement à la place que peut occuper la virgule parmi les chiffres significatifs, il faut observer que si un nombre est multiplié ou divisé par 100, sa puissance $\frac{3}{2}$ est multipliée ou divisée par 1000. D'après cela, ayant, comme à la *page 10* du Mémoire, à trouver les puissances $\frac{3}{2}$ de 0,654 et 0,981, j'avance les virgules de deux chiffres sur la droite; ce qui me donne les nombres 65,4 et 98,1 cent fois plus grands que les proposés, dont les puissances $\frac{3}{2}$, prises dans la table, 528,891 et 971,636, sont, par conséquent, mille fois plus grandes que les puissances $\frac{3}{2}$ cherchées qu'on obtient en reculant la virgule de trois chiffres sur la gauche, dans ces derniers nombres, comme on le voit à la page citée.

On pourra, lorsqu'on voudra employer plus de quatre chiffres significatifs, se servir des parties proportionnelles des différences, comme on le fait pour les logarithmes. Supposons qu'on cherche la puissance $\frac{3}{2}$ du nombre 1,4347, on prendra dans la table celle de 143,4, qu'on trouvera = ... 1717,212.

A quoi on ajoutera $\frac{7}{10}$ de la différence 1,796, entre les puissances $\frac{3}{2}$ de 143,4 et 143,5 .... 1,257.

Puissance $\frac{3}{2}$ de 143,47 = ... 1718,469.

Puissance $\frac{3}{2}$ de 1,4347 = ... 1,718469.

et ce résultat a le même degré d'exactitude que ceux dont les nombres auraient été pris immédiatement dans la table, vu la petitesse des deuxièmes différences de la colonne des $x^{\frac{3}{2}}$.

Enfin, on peut se servir de cette deuxième table pour réduire une extraction de racine carrée à une simple division, puisque les nombres de la colonne des $x^{\frac{1}{2}}$, divisés par les nombres correspondans de la colonne des x, donnent au quotient les racines carrées de ces derniers ; et en cela elle sera utile et commode pour abréger ou vérifier des calculs. Supposons qu'on veuille la racine carrée de 200, on la trouvera sur-le-champ $= \frac{2828,427}{200} = 14,14213$; en la cherchant par la méthode ordinaire ; et avec une décimale de plus, on aurait 14,142136. La racine carrée de 148, donnée par la deuxième table, serait $\frac{1800,498}{148} = 12,16553$; et par les méthodes ordinaires, 12,165525, &c.

TROISIÈME TABLE.

JE pense que les lecteurs verront avec intérêt quelques détails sur la manière de déduire les nombres compris dans cette troisième table, de la grandeur de la terre et des expériences les plus récentes et les plus exactes qui aient été faites sur la longueur du pendule.

Ces détails sont tirés des notes d'un mémoire que j'ai lu à la séance publique de l'Institut national du 15 nivôse an 10, en rendant compte des observations nombreuses et soignées que j'ai faites, avec le *comparateur* de *Lenoir*, pour trouver les rapports de la dilatation, par la chaleur, de différentes substances métalliques, et comparer les étalons originaux du nouveau système métrique, tant entre eux qu'avec les étalons originaux des anciennes mesures.

Je donnerai les détails du calcul des logarithmes fondamentaux à dix figures, afin que tous ceux qui auront les grandes tables de *Wlacq* soient à même de vérifier tous mes nombres.

Borda a trouvé qu'à la température de la glace, et en prenant pour unité la règle de platine n.° 1, que je nommerai *module*, et à laquelle on a rapporté les dimensions de la terre déduites des opérations de *Delambre* et *Mechain* *, il a trouvé, dis-je, que la longueur du pendule à seconde (il s'agit de l'ancienne seconde, celle qui est contenue 86400 fois dans un jour moyen) était, à l'observatoire de Paris, égale à $0^{\text{module}},2549919$. Ce nombre est pris dans le mémoire inédit de *Borda*, sur la détermination de la longueur du pendule; et il résulte des opérations de *Delambre* et *Mechain*, qu'à la température de 16°,25 du thermomètre centigrade, la même

* *Voyez* sur cette règle de platine n.° 1, le Compte rendu au Corps législatif, des travaux de l'Institut pendant l'an 4, et le tome II des Mémoires de la classe des sciences physiques et mathématiques.

règle de platine n.° 1 est contenue 2565370 fois dans le quart du méridien *.

Pour trouver combien de fois la règle n.° 1, à la température de la glace, serait contenue dans le quart du méridien, il faut savoir qu'une verge de platine diminue en longueur de 0,000008565 pour une variation de 1° du thermomètre centigrade, et par conséquent de 0,000139181 pour 16°,25 de changement dans la température.

Ainsi, le quart du méridien contiendra un nombre de modules, à la température de la glace, égal à $\frac{2565370}{1-0{,}000139181}$, puisque de 16°,25 à 0°00 chaque module s'est raccourci dans le rapport de 1 : (1 — 0,000139181).

La quantité $\frac{2565370}{1-0{,}000139181}$ équivaut à $\frac{2565360}{0{,}999860819}$; il est utile d'avoir non-seulement la valeur numérique de cette quantité, mais celle de son logarithme, et d'en tenir note. Pour calculer ce logarithme à dix figures, on a

$$\text{Log. } 2565370 = 6{,}40913\ 81612 + \tfrac{7}{10} \cdot 169292$$

$$\tfrac{7}{10} \cdot 169292 = \quad 1\ 18504{,}4.$$

$\text{Log. } 2565370 = 6{,}40915\ 00116 \ldots\ldots$	$6{,}40915\ 00116.$
$\text{Log. } 0{,}99986\ 0819 = \bar{1}{,}99993\ 91945 + \frac{819}{10000} \cdot 43435$	
$43435 \times \frac{819}{10000} - \ldots\ldots\ 3557{,}3$	
$\text{Log. } 0{,}99986\ 0819 = \bar{1}{,}99993\ 95502 \ldots\ldots$	$\bar{1}{,}99993\ 95502.$

$$\text{Log. } \frac{2565370}{0{,}999860819} = \ldots\ldots\ 6{,}40921\ 04614.$$

$\frac{2565370}{0{,}999860819} = 2565727$; c'est le nombre de fois que la règle n.° 1 en platine, mise à la température de la glace, est contenue dans le quart du méridien.

Le pendule à seconde étant = 0,2549919 de cette règle, à la température de la glace, il suit de là que le quart du méridien contient

* J'ai extrait ce résultat d'une note qui m'a été communiquée par *Delambre* lui-même.

contient $\frac{2565727}{0,2549919}$ fois la longueur du pendule battant les secondes à l'observatoire de Paris, ou enfin que le pendule contient $\frac{0,2549919}{0,2565727}$ de mètre.

Pour calculer le logarithme de $\frac{0^m,2549919}{0,2565727}$ à dix figures, on a

$$
\begin{array}{lll}
\text{Log. } 0,2549919 & = & \bar{1},40652\ 31489 + \frac{19}{100} \cdot 170321. \\
\frac{19}{100} \cdot 170321 & = & \ldots\ldots\ldots\ 32361. \\
\text{Log. } 0,2549919 & = & \bar{1},40652\ 63850. \\
\text{Log. } 0,2565727 & = & \bar{1},40921\ 04614. \\
\text{Log. } \frac{0,2549919}{0,2565727} & = & \underline{\bar{1},99731\ 59236} = \text{log. de la long. du pendule à seconde.}
\end{array}
$$

Longueur du pendule à seconde, en fraction du mètre ou de la 10000000e partie du quart du méridien $= 0,993838 7446$.

Cette évaluation est la plus immédiate qu'on puisse faire d'après les travaux de *Borda* et *Delambre*.

Pour en conclure la force accélératrice de la pesanteur, il faut la multiplier par le carré du rapport π de la demi-circonférence au rayon. Ainsi on a, en désignant cette force accélératrice par g,

$$
\begin{array}{rcl}
2 \text{ log. } \pi & = & 0,99429\ 97454 \\
\text{Log. long. du pendule} & = & \underline{\bar{1},99731\ 59236} \\
\text{Log. } g & = & \underline{0,99161\ 56690.}
\end{array}
$$

$g = 9,808795248 =$ { la vitesse que la pesanteur imprimerait à un grave, si elle agissait sur lui, dans le vide, pendant l'unité de temps qu'on suppose être la seconde, ou la 86400e partie du jour moyen.

J'ai employé uniquement, dans la détermination de tous ces nombres, les expériences sur le pendule à seconde et les observations sur la grandeur de la terre; ainsi ils se trouvent immédiatement rapportés aux phénomènes de la pesanteur et aux dimensions du sphéroïde terrestre : mais si on veut les lier aux anciens types de mesure, il faut savoir qu'à la température de 12°,5 du thermomètre centigrade, la règle de platine n.° 1, précédemment mentionnée, est le double exact de la toise en fer dont *Bouguer* s'est servi pour mesurer les trois premiers degrés du méridien, toise qui fait partie de la collection d'instrumens de l'Institut national, et qui a été adoptée pour étalon original des mesures de son espèce.

J'ai comparé cet étalon avec la toise originale employée par *Mairan* pour ses expériences sur le pendule, et avec celle dont on s'est servi pour mesurer un degré terrestre près du pôle boréal. Voici les résultats des comparaisons de ces différentes toises, dont la connaissance peut intéresser les physiciens et les astronomes.

	parties.	Différences avec la toise de *Bouguer*.
La toise de *Bouguer* contenant.............	864,0000	
La toise du Nord en contient.............	863,9919	0^{part},0081
Et celle de *Mairan*....................	863,9512	0 ,0488.

Les trois toises sont en fer; et la comparaison en a été faite au mois de nivôse an 10, à la température de la glace.

J'ai aussi comparé le mètre avec le pied anglais, pris sur un étalon authentique apporté d'Angleterre par *Pictet*, professeur de physique à Genève; et j'ai trouvé qu'à la température de la glace, le mètre, ou la 10000000e partie du quart du méridien, équivalait à 39,3827 pouces anglais, mesurés sur l'étalon de *Pictet*, qui est une règle de cuivre, ou plutôt de laiton, de 49 pouces anglais de longueur, divisée en 10.es de pouce dans toute son étendue. (Voyez *la Bibliothèque britannique, n.° 148, partie des Sciences.*)

Voici maintenant les conséquences des déterminations données précédemment : le demi-module étant supposé divisé en 864 parties, le mètre sera de 443,2959359 de ces parties, qui sont des lignes; et pour connaître le nombre de mètres linéaires, carrés ou cubiques, équivalens à un nombre quelconque de toises, pieds, pouces ou lignes, linéaires, carrés ou cubiques, il faut, au logarithme de ce dernier nombre, ajouter l'un des logarithmes suivans :

La toise linéaire en mètres....................	0,28981 99927.
La toise carrée en mètres carrés................	0,57963 99854.
La toise cube en mètres cubes.................	0,86945 99781.
Le pied linéaire en mètres.....................	$\bar{1}$,51166 87423.
Le pied carré en mètres carrés.................	$\bar{1}$,02333 74846.
Le pied cube en mètres cubes..................	$\bar{2}$,53500 62269.
Le pouce linéaire en mètres....................	$\bar{2}$,43248 74963.
Le pouce carré en mètres carrés................	$\bar{4}$,86497 49926.
Le pouce cube en mètres cubes.................	$\bar{5}$,29746 24889.
La ligne linéaire en mètres....................	$\bar{3}$,35330 62503.
La ligne carrée en mètres carrés...............	$\bar{6}$,70661 25006.
La ligne cube en mètres cubes..................	$\bar{8}$,05991 87509.

Les caractéristiques seules sont négatives ; et la partie à droite de la virgule, positive.

On a ensuite, pour introduire dans les calculs relatifs à l'écoulement de l'eau, la force accélératrice g de la pesanteur, les logarithmes suivans :

$$\text{Log. } g = \ldots\ldots\ldots\ldots\ 0{,}99161\ 56690.$$
$$\text{Log. } \sqrt{(g)} = \ldots\ldots\ldots\ldots\ 0{,}49580\ 78345.$$
$$\text{Log. } \sqrt{(2g)} = \ldots\ldots\ldots\ldots\ 0{,}64632\ 28323.$$
$$\text{Log. } [\tfrac{2}{3}\sqrt{(2g)}] = \ldots\ldots\ldots\ldots\ 0{,}47023\ 15733.$$
$$\text{Log. } [86400\sqrt{(2g)}] = \ldots\ldots\ldots\ldots\ 5{,}58283\ 65748.$$
$$\text{Log. } [86400.\tfrac{2}{3}\sqrt{(2g)}] = \ldots\ldots\ldots\ldots\ 5{,}40674\ 53158.$$

Lorsqu'on connaît le produit d'un courant d'eau, en mètres cubes, on trouve le produit équivalent en toises, pieds, &c. cubes, au moyen des logarithmes de réduction ci-dessus ; mais si l'on veut avoir le nombre correspondant de *pouces de fontainier*, et si, conformément à l'usage le plus général, on entend par *pouce d'eau* un produit de quatorze pintes par minute (la pinte étant supposée de

48 pouces cubes), ce qui donne 560 pieds cubes en vingt-quatre heures, il résultera de cette hypothèse :

Logarithmes additifs de réduction pour trouver les nombres de *pouces de fontainier* correspondant à des nombres donnés de mesures cubiques d'eau fournies pendant 24 h., l'unité linéaire étant		
	le mètre	$\bar{2}$,71680 57461.
	la toise	$\bar{1}$,58626 57242.
	le pied	$\bar{3}$,25181 19730.
	le pouce	$\bar{6}$,01426 82349.
	la ligne	$\overline{10}$,77672 44968.

OBSERVATION.

J'ai calculé et publié tous les logarithmes de cette troisième table, à dix décimales, parce qu'ils représentent des nombres fondamentaux que beaucoup de personnes desirent avoir avec la plus grande exactitude, pour les applications qu'on en peut faire à différentes questions relatives à la figure et aux dimensions de la terre, à la géographie, à l'astronomie, &c. Mais lorsqu'il s'agira de faire usage de ces logarithmes pour la mesure des eaux courantes, il sera suffisant, dans presque tous les cas, de les employer avec cinq décimales seulement ; et c'est par cette raison que je me suis borné à donner les nombres de la première table avec un pareil nombre de décimales.

FIN.

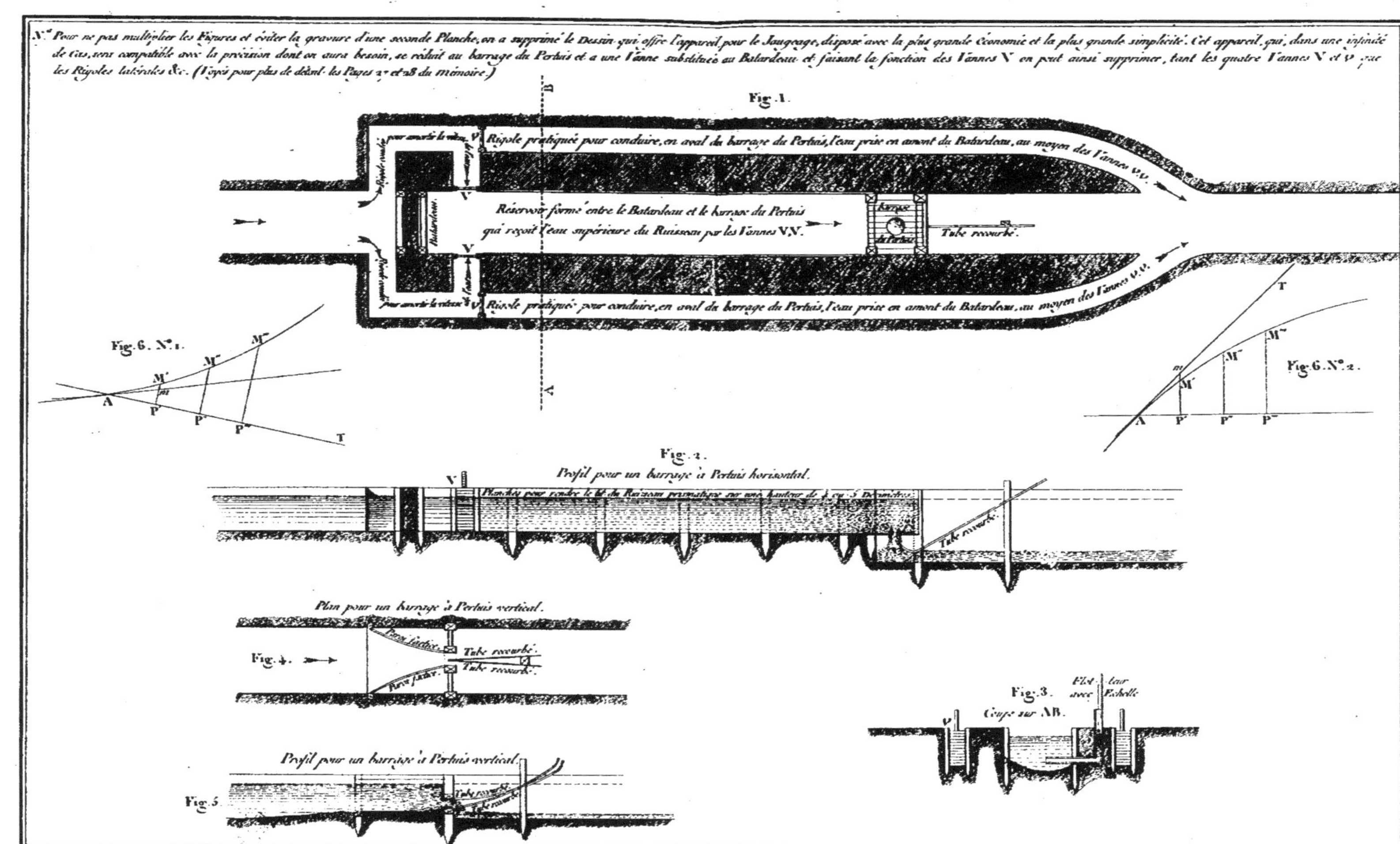
N.ª Pour ne pas multiplier les Figures et éviter la gravure d'une seconde Planche, on a supprimé le Dessin qui offre l'appareil pour le Jaugeage, disposé avec la plus grande économie et la plus grande simplicité. Cet appareil, qui, dans une infinité de Cas, sera compatible avec la précision dont on aura besoin, se réduit au barrage du Pertuis et à une Vanne substituée au Batardeau et faisant la fonction des Vannes V on peut ainsi supprimer, tant les quatre Vannes V et v que les Rigoles latérales &c. (Voyez pour plus de détail les Pages 27 et 28 du Mémoire.)
Fig. 1.
Rigole pratiquée pour conduire, en aval du barrage du Pertuis, l'eau prise en amont du Batardeau, au moyen des Vannes v.v.
Réservoir formé entre le Batardeau et le barrage du Pertuis qui reçoit l'eau supérieure du Ruisseau par les Vannes V.V.
Batardeau.
Barrage du Pertuis
Tube recourbé.
Rigole pratiquée pour conduire, en aval du barrage du Pertuis, l'eau prise en amont du Batardeau, au moyen des Vannes v.v.
A
B
Fig. 6. N.º 1.
Fig. 6. N.º 2.
Fig. 2.
Profil pour un barrage à Pertuis horisontal.
Tube recourbé.
Plan pour un barrage à Pertuis vertical.
Fig. 4.
Tube recourbé.
Fig. 3.
Coupe sur AB.
Flotteur avec Echelle
Profil pour un barrage à Pertuis vertical.
Fig. 5.

www.ingramcontent.com/pod-product-compliance
Ingram Content Group UK Ltd.
Pitfield, Milton Keynes, MK11 3LW, UK
UKHW020210200726
13856UKWH00004B/1299